森と樹と蝶と

―日本特産種物語―

森と樹と蝶と

—日本特産種物語—

西口親雄著

八坂書房

目　次

森と樹と蝶と ―日本特産種物語―

目　次

まえがき

子供に夢と希望を

宮城県鳴子町にある東北大学農場で暮らしていたときの話。環境教育に熱心な、ある小学校の先生から電話があった。話の内容は、つぎのようなことであった。

大気汚染、地球温暖化、熱帯雨林の砂漠化、南極のオゾン層破壊などなど、一生懸命に話せば話すほど、子供たちの顔は暗くなり、体はうつむいてくる。未来に不安と絶望を感じているのだ。

これはいかん。子供たちに夢と希望を与える教育でないとダメだ。それに気づいて、この先生は、子供たちといっしょに、身のまわりの環境をしらべることからはじめた。みんなで、校庭の裏の雑木林を歩いた。子供たちはすぐ、虫探しに夢中になった。しかしやがて、子供たちはあきてしまった。先生自身、なにを、どう教えてよいのか、わからない。身のまわりの草木や虫など、なにも知らないことに気づいた。

そこで私が呼ばれた、というわけである。先生がたといっしょに、校庭の裏の雑木林を歩き、木々を観察した。木々の名前や、それらが人間生活のなかで、どのように利用されてきたかを、そしてまた、林のなかで、どんな昆虫が、どんな生活をしているのか、などを話した。

私の話がきっかけとなって、この学校での環境教育は、一年から六年まで、各クラスが連係をたもちつつ、身のまわりの自然―草木や昆虫や川の水質―などをしらべることからはじまった。

先生方は、教育方法を、自分たちで考え、討論をくり返し、実践した。子供たちは、町の古老から、草木の利用法を聞き出し、実行してみた。近くの小川の水質調査の結果は、子供たちから大人たちへの情報発信になった。子供たちのおかげで、大人たちも、町の環境の変化に、はじめて気づいた。子供たちの目も、みちがえるように、生き生きしてきた。身のまわりの自然がみえ、自分たちの未来がみえ、日本の未来がみえてきたのだ。

身近な蝶を教材に

私は、定年後、仙台市に隣接する海岸の町、七ケ浜に居を移した。町の公民館は、海のみえる丘の上に建っている。広場には緑の芝生が広がり、さまざまな樹木が植えてある。その裏山には、マツと雑木林が広がっている。土曜日か日曜日、天気がよければ、このあたりを散歩する。路傍の昆虫を観察するのが楽しい。

公民館広場の片すみに、若いハルニレの樹林がある。幹の内部にカミキリが寄生しているらしく、傷口から樹液を出している。その泉が昆虫たちの集合場所になっていて、いつも、数匹のサトキマダラヒカゲがたむろしている。ときにはスズメバチがやってきて、蝶をおっぱらうシーンもみられる。

サトキマダラヒカゲなんて、日本全国、どこにでもみられる蝶である。だから、だれも興味を示さない。最近のテレビや新聞報道は、珍奇なもの、希少なものにとびつく傾向がある。これは、日本の環境教育がゆがんでいることの証明でもある。

身のまわりの、ごくありふれた生きものに目をむけよ。それにはまず、小・中学の先生がたが、身のまわりの自然について、よく知り、教材として利用する技術をもっていなければならない。

こんなことを感じていたとき、地元の小・中学の先生たちの勉強会に招かれて、話をする機会があった。私は、身近にいる蝶を教材にすることを勧めた。

まず、子供たちといっしょに、身のまわりにいる蝶を採集する。近くに雑木林でもあれば、たちまち、十数種は集まるだろう。それを、先生が展翅して標本にする。もし、興味をもつ子供が現われたら、標本作りの手伝いをさせてもよい。

できた標本の種類を、みんなでしらべさせる。いまは、子供むけの、よい図鑑が出ているから、蝶の種名はすぐわかるだろう。つぎに、採集した蝶の幼虫がどんな植物を食べているのか、図鑑でしらべさせる。いろいろな植物の名が出てくる。

つぎの野外授業では、その植物探しをする。植物がみつかれば、今度は、その植物についている蝶の幼虫探しをする。幼虫がみつかれば、それを教室で飼育し、観察記録をとる。蝶が羽化するまで、つづける。もし途中で、小さな蜂が出てくれば、それは蝶の幼虫を食べる天敵である。天敵は、植物を食べる虫がむやみに増えないよう、働いていることを教える。

植物は栄養を生産する工場である。すべての動物は、人間も含め、植物から栄養をいただいて生きている。だから、自然は、植物が破壊されないよう、天敵群を見張り番にしているのだ。そんな話をして、自然の仕組みを教える。

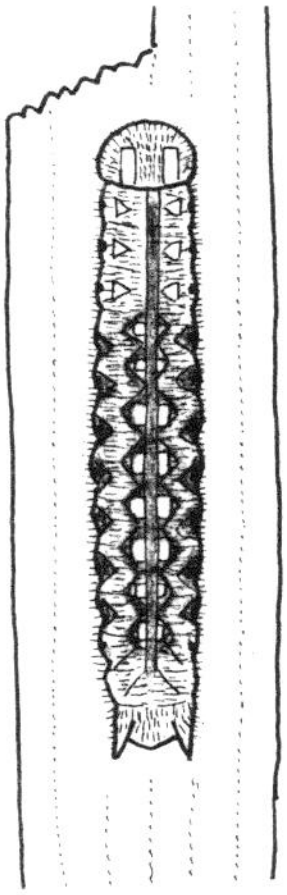

サトキマダラヒカゲは日本特産

たとえば、里山のどこにでもいるサトキマダラヒカゲが、日本特産種、日本を代表する蝶のひとつであることを、あなたは知っていますか。そして、この蝶が、どこで、どのような生活を送っているのか、子供たちに語ることができますか。

じつは、この蝶の幼虫はササの葉を食べて生きているのである。では、身近に、どんなササが生えているのだろうか。公民館の広場のまわりには、小さな樹林があって、その林縁にアズマネザサやミヤコザサの群落がみられる。これらのササ類は、日本全国どこでも、樹林があれば、そのふちで群落を形成している。どこにでもあるから、人びとの興味をそそらない。

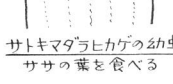

しかし、ササという植物も、日本で繁栄している、きわめて日本的な植物群のひとつなのである。先生がたは、たまには子供たちをササ原につれ出して、サトキマダラヒカゲの幼虫探しをしてはどうか。

そして、ササ類の見分け方を教え、ミヤコザサは世界中で日本にしか存在しない貴重な植物であることを教え、そのササ類で生活しているサトキマダラヒカゲという蝶も、日本特産の、貴重な生きものであることを話して聞かせる。

子供たちの目を、身のまわりの自然にむけさせよ。日本の自然を理解し、それに誇りをもつことが、子供たちの自信につながり、未来への希望と夢が湧いてくる、というものである。

日本発見の物語

私が、日本特産種の存在意味を考えはじめたのは、森林生物に関する長い研究生活のなかでは、比較的最近のことである。最初に注目したのは、南西諸島に生息する古いタイプの日本特産種であった。『森林保護から生態系保護へ』という本のなかで、私は、つぎのようなことを書いている。

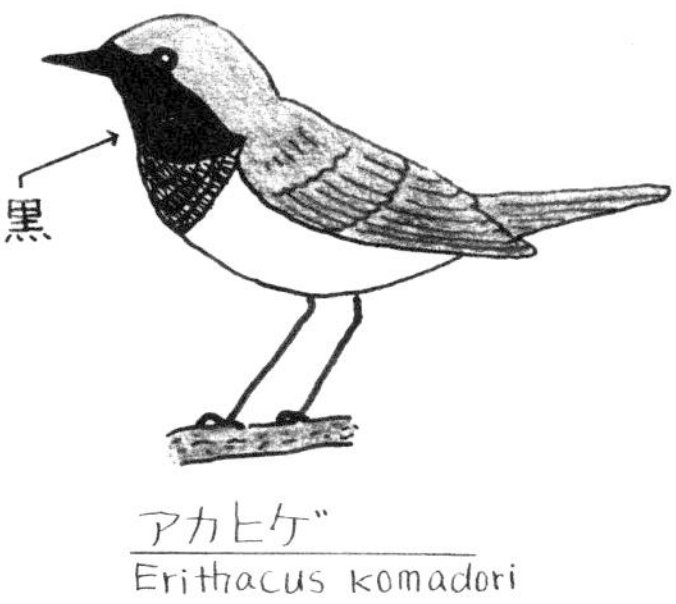

「南西諸島の山地帯は、スダジイを主とする照葉樹林である。本州では消滅してしまった照葉樹の原生林が、屋久島から西表島にかけて、よく残っている。植物生態学的にみてもきわめて貴重である。
しかし、それ以上に貴重なものが、その原生林に生息している。西表にはイリオモテヤマネコ、カンムリワシ、沖縄本島にはノグチゲラ、ヤンバルクイナ、ヤンバルテナガコガネ、奄美大島にはアマミノクロウサギ、アマミトゲネズミ、ルリカケス、などが生息しているのである。また、コマドリに近いアカヒゲという鳥が、南西諸島全域に分布している。
これらの多くは、南西諸島に固有のものであり、スダジイの森のなかに、ひっそりとすんでいる。南西諸島が、早い時代に大陸から分離し、その結果、古いタイプの、よわい動物が、生き残ることができたのである。

これらは、単に、めずらしいから貴重なのではない。生物進化の証言者として、貴重なのである。そして、かれらの生存を保障してきたのが、広大な照葉樹の原生林なのである。」

めずらしいから貴重なのではない。貴重な歴史を背負っているから貴重なのである。こう書きながら、この時点では、私はまだ、シイノキの存在意味を正しく認識してはいなかった。シイノキは、その森にノグチゲラが生息するから貴重、というていどの認識だった。

しかし、今回の本のなかで書いたように、日本のシイノキも、ノグチゲラに劣らず、おもしろい歴史を背負った、日本特産の存在であることに、やっと気づいた。

そのことに気づいたのは、中国雲南省に旅して、雲南から日本の樹や蝶を考えるようになってからだった。中国への旅が、私の目を開かせてくれた。

想いおこせば、私の姉は、日中友好に、一民間人として情熱を燃やしていた。中国渡航は数十回におよんでいる。中国からの留学生に部屋を貸し、面倒をみていた。なにがきっかけで、姉は中国との友好に心を尽くすようになったのか、いつか、その話を聞きたい、と思っていたのだが、姉は癌でなくなった。

私は、この齢になって、はじめて中国に旅するチャンスを得て、いろいろなことに気づいて、そのことを、この本のなかで書いたのだが、これも、姉の導きかもしれない、とひそかに思っている。

中国旅行から帰って、日本本土の、どこにでもみられる、ごくふつうの生きものたち—樹や蝶—の歴史をしらべなおしてみた。それらは、図鑑類では日本特産種として記載されてはいるものの、どこにでもいる、ごくふつうの種であるため、だれからも見向きもされない生きものたちのことである。

そんな、ごくふつうの生きもののなかにも、貴重な種がたくさん存在することを知った。めずらしいから貴重なのではない。貴重な歴史を背負っているから貴重なのである。このことが、ふつう種の歴史をしらべていて、いっそうはっきりと、認識できるようになった。そして、日本列島という風土の、おもしろさ、豊かさ、優しさが、みえてきた。ますます日本という国が好きになってきた。

今回の本は、日本特産種をとおして発掘した日本発見の物語である。

1部

森の楽書帳《らくがきちょう》

クズのアメリカ侵略

エイリアン植物

私はいま松島湾の南側、仙台の隣、七ケ浜という田舎町に住んでいる。平成十一年の秋、小川の土手や山ぎわの道ぞいが、セイタカアワダチソウの黄色い花で埋まった。ひところ、鎮静化したようにみえたが、また、各地で猛威をふるっている。北アメリカ原産のこの植物は、日本の里山にみられるアキノキリンソウに近い種類だが、森のなかに侵入することはない。

考えてみれば、私たちが住んでいる身のまわりは、外来植物で占領されている。わが町でも、春はセイヨウタンポポの黄花、初夏はヒメジョオンの白花が田園風景を彩っている。繁栄している外来植物はいずれも、荒れ地に好んで生活する草である。日本在来の植物が駆逐されてしまうのは、荒れ地に対する適応力が劣るからにほかならない。本来、日本という風土は温暖多雨で、植物は、そんな環境に適応して生きてきた、やさしい性質のものが多い。外来植物の横行は、われわれの生活環境が、荒れ地に似た環境に変化しつつあることを示している。

最近入手したL. J. Sauerの『The once and future forest（かつての森、未来の森）』を読んでいて、アメリカも、日本からやってきた植物に悩まされていることを知った。その植物の名は、クズ、スイカズラ、ノイバラ、イヌタデなどである。これらは、わが町の路傍でも、ごくふつうにみられる植物である。

生態学では、よその国から侵入してくる生物をインベーダーと呼んでいる。最近は、エイリアン、と表現されることもある。インベーダーが病原微生物だと、侵入された国の生物が破滅することもおこりうる。アメリカは、日本から侵入した胴枯れ病菌のため、自国のクリが全滅した経験をもつ。前述の本を読んでいると、著者は、日本はエイリアンを送りこんでくる恐ろしい国、という印象をもっているようだ。

クズがはじめてアメリカに入ったのは、フィラデルフィアにおけるアメリカ一〇〇年祭の、日本パビリオンで展示されたときだった。その後、一時期、アメリカ農務省はクズを植栽する農家に補助金を出している。荒廃地を緑化するためらしい。クズは、日本を代表する有用植物だったのである。

それがきっかけで、南部諸州は、森林も畑もクズでおおいつくされてしまったという。野生化したクズは、北進し、いまは、ペンシルベニア、ニューヨーク、ニュージャージーの諸州に侵入して、深刻な問題を引きおこしている。在来の植物社会を撹乱し、景観を破壊しているというのだ。

クズは草？　それとも木？

宮城県鳴子では、クズはクゾッパとかフジとか呼ばれている。むかしは、縄の代用として薪や柴の結束に使った。葉は、家畜の餌になった。クズは蛋白質の含有量が多く、栄養価の高い植物なのである。根からデンプンをとり、くず湯にして食べた。これは薬用にもなった。

しかし、昭和三十年代以降、高度経済成長の時代に入って、家畜を飼う農家が減り、野山にクズの繁茂がめだつようになった。手入れされないスギ林は、林縁がてっぺんまでクズの葉でおおわれるようになった。

だが、暗い林内ではクズの繁茂はみられない。そこは、キフジやヤマブドウが活躍する場である。キフジもヤマブドウも、蔓が木化して、ときに直径二〇センチくらいの幹になる。立派な木本植物である。ほかの高木にからみつき、林冠部で葉を茂らせる。しかし、それらが森を破壊している、という印象は受けない。高木たちと共存しながら生きる技術をもっていることがわかる。キフジも、ヤマブドウも、森林植物なのである。

クズの蔓は、一年に十数メートルも伸びて、スギの高木をもおおいつくす。しかし、太く木化した蔓は

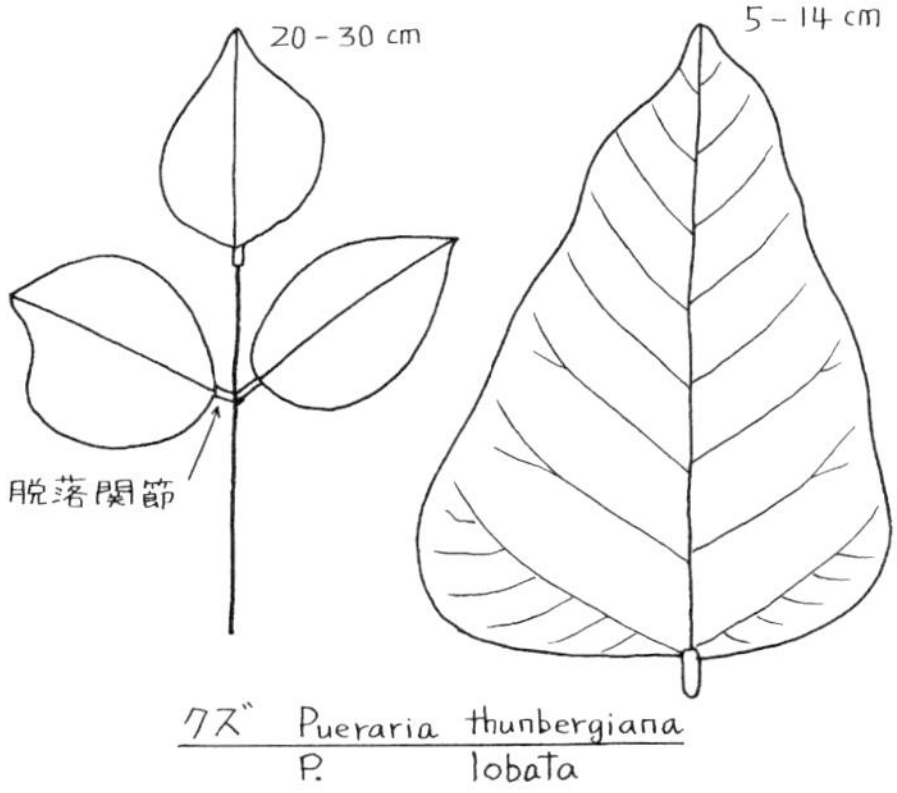

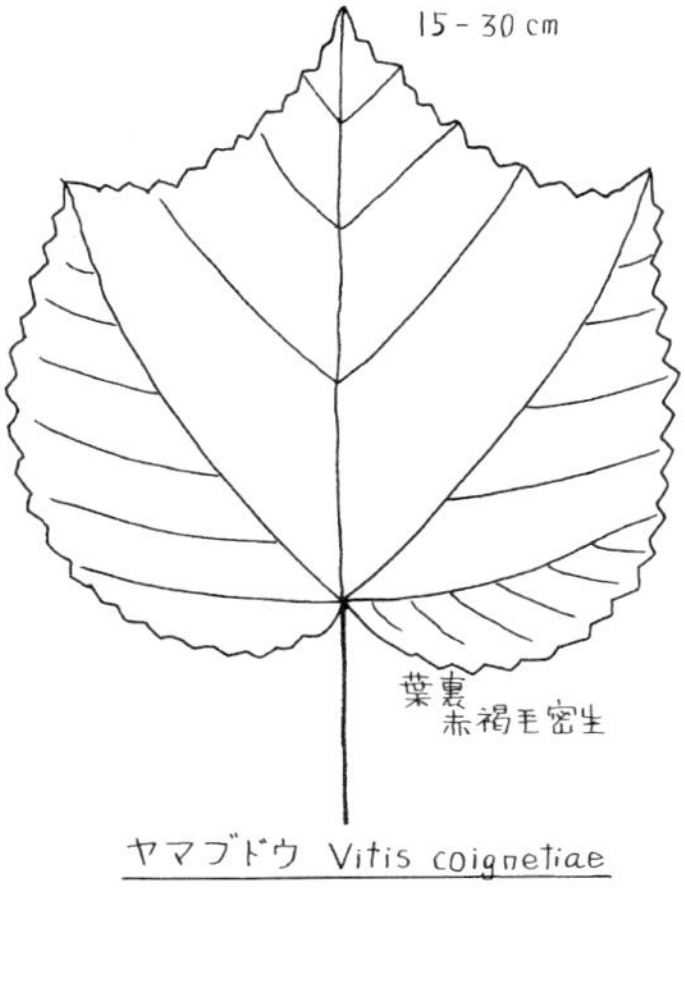

みられない。数年もすると、蔓は脆くなって、崩壊してしまうらしい。クズは、木本植物とはいいがたい。

こんなクズの性質をみると、クズには、森林植物として生きる意志がないようにみえる。しかし、木に登る性質があるから、木との関係をたもちながら生活したい、という気持ちがあるのだろう。クズは林縁植物なのである。

クズの葉は、陽光をいっぱい浴びて、生産した栄養を根に送る。地中の根は太くなり木化する。クズの根を掘り出してみると、直径五センチほどの、木化した根が、四方八方に張り出し、伸びている。クズは、草本植物のようにみえるが、根は、まさに木本である。

アメリカでは、クズをkudzuと呼んでいる。日本語が英語になってしまったのだ。クズに類似した植物が、アメリカには存在しないことを示している。クズは、きわめて東洋的な植物らしい。

クズのふるさとは中国

長野県の植物民俗を書いた宇都宮貞子さんの『草木おぼえ書』によると、クズという名は、漢語の葛の発音・カツが、カズとなり、クズに変化したのではないかという。クゾッパはどこでも聞かれる方言だが、別にフジあるいはフジッパという呼び方もある。

古語のフジは、蔓植物一般をさすらしい。紫の花が穂になって垂れさがる木性の蔓（藤）は、長野県でも鳴子でも、キフジと呼ばれている。キフジという名は、木材として利用されていたことに由来する。鳴子の古い農家では、樹皮を剥いで、丸太のまま床柱に使用している。材を米ぬかで磨くと、べっこう色になって美しい。また、材を炭にしている。フジ炭は火力がよわく、それゆえ、刀の刃の焼き入れには最適だそうだ。

単にフジといえばクズをさす。クズは、蔓植物の代表なのである。生活になくてはならない有用植物だし、身近に、ごくふつうに存在していたからだ。

いにしえの飛鳥の藤原京は、クズの生い茂る原っぱではなかったか、と思う。飛鳥・奈良時代も、いたるところでクズが繁茂していたらしい。万葉集には真葛原という言葉が出てくる。

しかしやがて、フジという言葉は、花の美しい藤をさすようになる。それは、そのころ勢力を伸ばしてきた藤原氏が、自分の氏名の藤を、クズではなく、美しい花の藤に決めて宣伝したからだという。これも、宇都宮さんの説である。

葛という名は、古く中国から伝わってきた。おそらく、実物といっしょに来たのだろう（理由は後述）。では中国にはどんなクズがあるのだろうか。『中国高等植物図鑑』をしらべてみた。クズは、マメ科クズ属（*Pueraria*）にぞくする。そして中国には、以下の七種のクズが存在することがわかった。

① ***P. lobata*** ほぼ全土に分布
② ***P. edulis*** 雲南、四川、広西
③ ***P. montana*** 広西、広東、福建
④ ***P. omeiensis*** 雲南、四川
⑤ ***P. thomsonii*** 華南、ベトナム

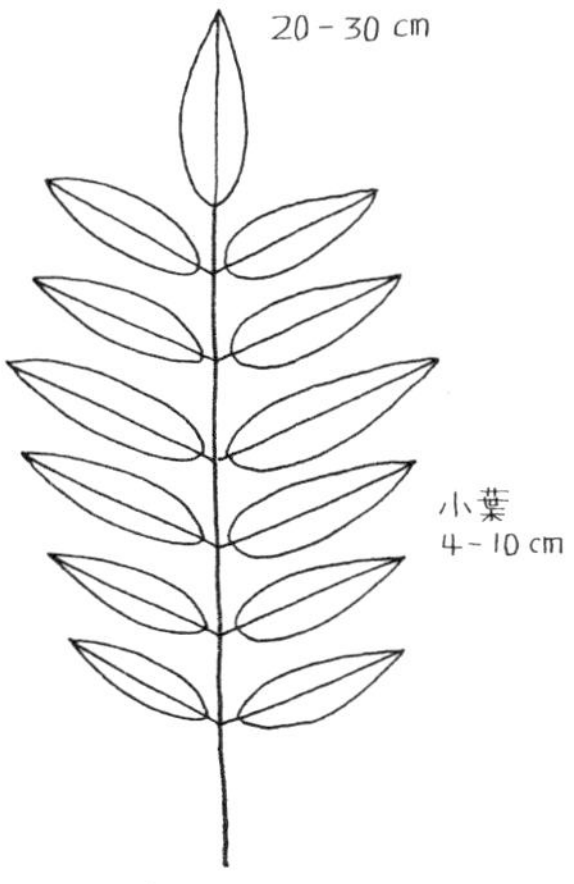

フジ Wisteria floribunda

⑥ *P. peduncularis*　雲南、ミャンマー、インド
⑦ *P. phaseoloides*　浙江、広西、広東、ベトナム、ミャンマー、タイ、インド

このうち、*P. lobata* は漢名を野葛といい、ほぼ中国全土に自生し、朝鮮半島を経て日本にまで分布している種である。葛のなかでは、もっともポピュラーなものらしい。

中国では、クズの根からデンプンをとり、食用、薬用にしている。また、繊維は、紙や布の原料にもしている。利用法は、日本と異ならない。おそらく、日本でのクズの利用技術は、中国から伝来してきたものであろう。

クズ属は、日本には *P. lobata* の一種しか存在しないのに、中国には七種もある。しかも、そのほとんどが、雲南・四川・広西省を中心に、中国南部からインドシナ半島にかけて広がっている。このあたりが、クズ属のふるさとではないか、と思う。

野葛は、ふるさとを出て北進し、寒さに適応して、分布を東北方向へ拡大していく。しかし、木にのぼりたい、という性質があるから、木のない草原には進出せず、南西諸島と朝鮮半島をとおって、森林国・日本に入ってきた。これが、クズの来た自然の道かもしれない。しかし、この考え方には、問題がある。

クズが暴れる理由

クズは、自然のままに放置すれば、林縁樹木にからみつき、高木さえ枯死させることもある。そんな生き方をみると、クズはまだ、日本の植物社会では、ほかの仲間たちと仲良く生きていく技術を獲得していないようにみえる。人間がコントロールしているあいだはよかったが、人間が自然とのつきあいを放棄し

てしまった現在、クズは林縁の無法者になってしまった。

では、ふるさとの中国では、クズ類はどんな生活方法で、ほかの植物たちとの調和をとっているのだろうか。雲南省ダーラ（打洛）の熱帯雨林のなかを歩いたとき、林道わきの灌木帯で、コンロンカ、ジャスミン、キョウチクトウカズラ（テイカカズラの仲間）など、さまざまな蔓植物が灌木にからんでいるのをみた。そのなかにクズもあったが、その姿は控え目で、日本のような、傍若無人の様子はみられなかった。これが、クズの自然の姿なのだろうか。

前述のように、クズは、日本の植物社会のなかでは、まだ、ほかの植物たちと調和して生きる技術を獲得していないようにみえる。これは、クズが日本の植物社会に入って、まだ、あまり年月がたっていないことを暗示する。

クズは、長い年月をかけて、自然力で、分布を日本にまで広げてきたのではあるまい。おそらく、その有用性から、人間がクズという植物を運んできたのではないか、と思考する。

クズの分布は人間が広げた、と考えられる理由が、もうひとつある。それは、クズの分布が、日本では、北海道・本州・四国・九州から、南西諸島をへて、中国大陸の台湾にまで及んでいること、そして国外では、朝鮮半島から中国のほぼ全土に広がっていることである。自然分布が南北に、こんなに広域にわたる植物は、ほかにはみられない。

一般に、北方系の植物は、北海道から九州まで分布しても、沖縄には行かず、朝鮮半島をへて中国東北部にわたっている。そしてときに、南のほうの四川、雲南へとつづくものもある。四川・雲南は山岳地帯で、けっこう、寒冷な気候の地域も存在するから、北方系植物も生きていけるのである。

一方、南方系の植物は、原則として、北海道には分布せず、本州関東以南から、九州をとおり、南西諸島を経由して、台湾、中国南部へとつながっていく。しかし、クズは、なんと、この南北、両方の地域に、広く分布しているのである。これは、自然の姿とは思えない。

日本の林縁樹木たちの行動

この情況はクズだけのものなのか。それを確認するために、東北地方でごくふつうにみられる林縁樹木―ヤマハギ、ガマズミ、ヤマウルシ類三種、タラノキ、ノイバラ、スイカズラ、ノブドウ、ヘクソカズラなど―の分布を、日本と中国の植物図鑑からしらべてみた。結果は、左記のとおりである。括弧書きは中国内での分布を示す。

①ヤマハギ *Lespedeza bicolor*：北海道・本州・四国・九州、朝鮮・中国（東北・内蒙古・河北・山西・陝西・河南）。沖縄になし。

②ガマズミ *Viburnum dilatatum*：北海道・本州・四国・九州、朝鮮・中国(東北・河北・河南・陝西・長江以南諸省)。

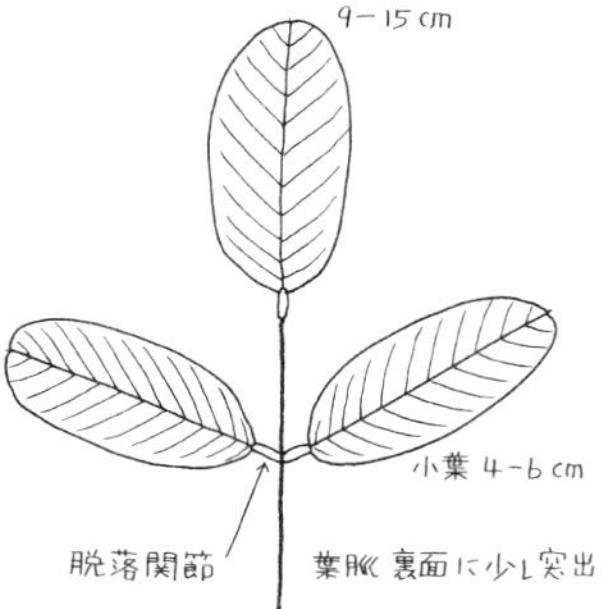

ヤマハギ　Lespedeza bicolor

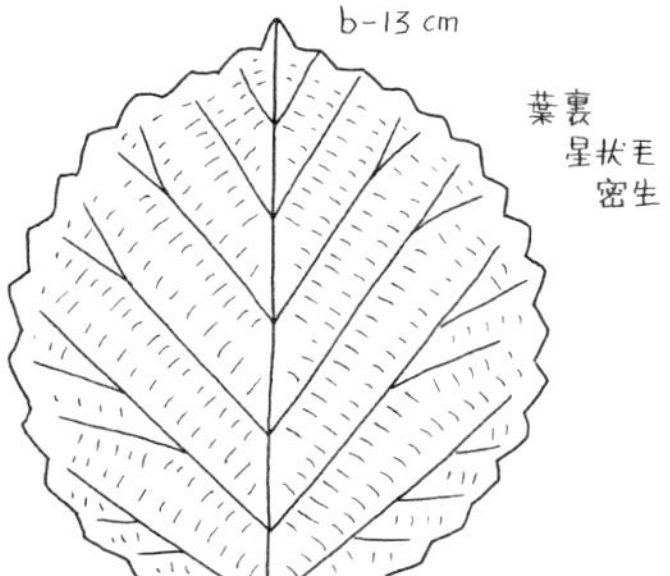

ガマズミ　Viburnum dilatatum

沖縄になし。

③ヤマウルシ ***Rhus trichocarpa***：北海道・本州・四国・九州、朝鮮・中国（中国図鑑に記載なし）。沖縄になし。

④ヤマハゼ ***Rhus silvestris***：本州（東海以南）・四国・九州・沖縄、台湾・中国（長江中・下流域）

⑤ヌルデ ***Rhus javanica***（***R. chinensis***）：北海道・本州・四国・九州・沖縄、台湾・朝鮮・中国（青海・ウイグルを除く全域）、インドシナ。

⑥タラノキ ***Aralia elata***：北海道・本州・四国・九州、朝鮮・中国（東北三省）。雲南には、タラノキに似た ***Aralia*** 属が三種あり。沖縄になし。

⑦ノイバラ ***Rosa multiflora***：北海道・本州・四国・九州・沖縄、朝鮮・中国（華北・華東・華中・華南と西南）。

⑧スイカズラ ***Lonicera japonica***：北海道・本州・四国・九州、朝鮮・中国（北は遼寧、西は陝西、南は湖南から貴州・雲南まで）。沖縄になし。

⑨ノブドウ ***Ampelopsis brevipedunculata***：北海道・本州・四国・九州、朝鮮・中国（東北から華南まで広く分布）。沖

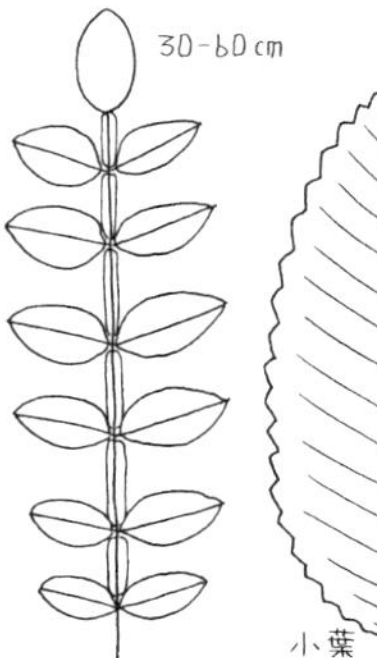

ヌルデ Rhus javanica

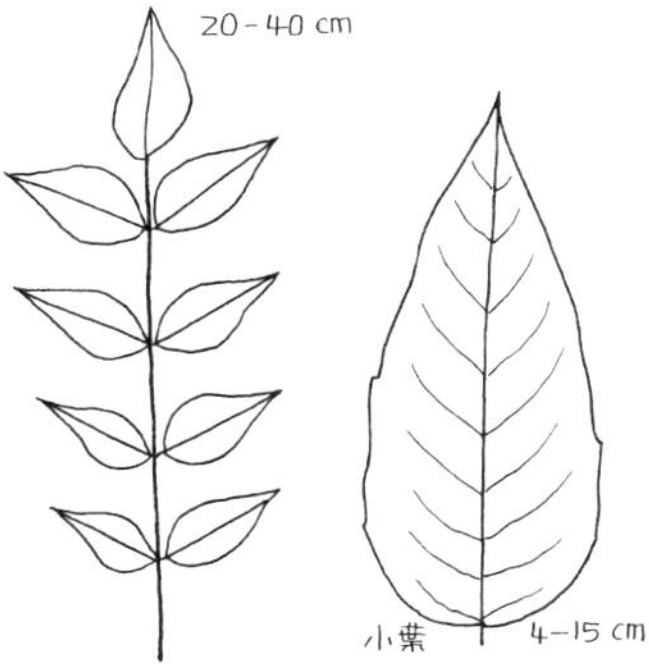

ヤマウルシ Rhus tricocharpa

縄になし。

⑩ヘクソカズラ ***Paederia scandens***：北海道・本州・四国・九州・沖縄、台湾・朝鮮・中国（長江流域以南各省）。

以上、一〇種のうち、ヤマハギ、ガマズミ、ヤマウルシ、タラノキ、スイカズラ、ノブドウの六種は北方系的分布、ヤマハゼ、ヘクソカズラの二種は南方系的分布だった。しかし、ヌルデとノイバラは、クズとおなじく、南北広域分布であった。では、この二種も、人間が運んできたのだろうか。

ヌルデは、虫こぶ（五倍子）からタンニンをとり、軽工業と医薬に使う。根は消炎・利尿・下痢止めなどの薬用に使う。けっこう、有用樹である。これは、人間が運んでいる可能性がある。

ノイバラも、根・花・実が下剤・利尿剤のほか、さまざまな薬用に使われている。ノイバラは、人間が

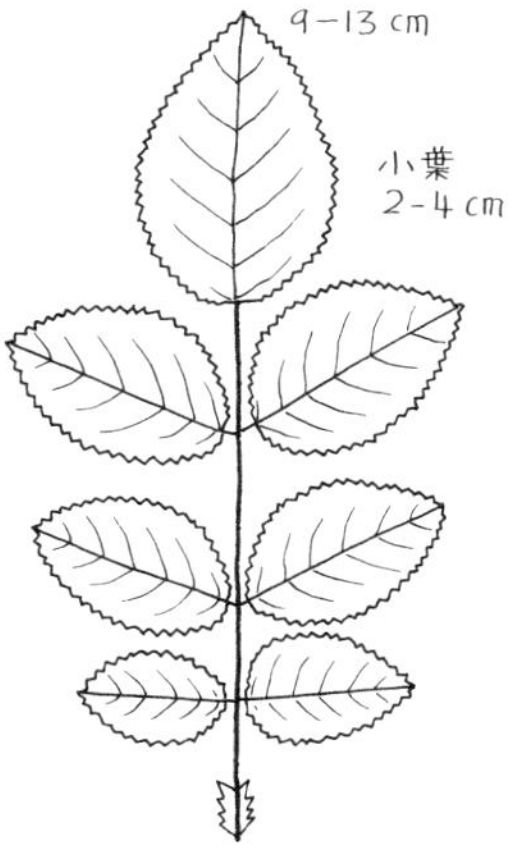

ノイバラ Rosa multiflora

ノブドウ Ampelopsis brevipedunculata

運んでいるとは思えないが、その広域分布性をみると、あんがい、人間がかかわっている可能性も否定できない。ただ、ノイバラの場合、ある場所に、いったん定着すると、自力でどんどん分布を拡大していく力がある。アメリカ東北部での繁茂がそのことを証明している。

ノイバラは北アメリカにも侵入しているのである。なんの使用目的で、いつ、ノイバラはアメリカに渡ったのだろうか。**Sauer** さんの本には、ノイバラがどこからアメリカに侵入してきたのか、なにも書いていない。かの女は、ノイバラが日本から侵入したことに、まだ気づいていないのかもしれない。

ある英語の樹木図鑑を読んでいたら、つぎのような文章が目に入った。

「***Rosa multiflora***（ノイバラ）は、バラの育種の歴史のなかで、もっとも重要な働きをしたもののひとつである。日本で、ツンベルクによって記載されたのは一七八四年だが、ヨーロッパに導入されたのは、一八六〇年以後になってからで、導入は、日本か中国からである。アメリカへの導入も、おそらく、バラの育種目的からであろう。」そして、だれも知らないうちに、アメリカの自然のなかへエスケープしてしまった、というわけである。

こんな例をみると、広域分布性のクズも、なにかの利用目的で、人間が分布を広げてきた可能性は否定できない。日本のクズも、中国からの侵入者かもしれない。ただ、侵入した時代は、記録にないほど、古い時代だろう。おそらく、縄文時代か、それより古い時代かもしれない。

スイカズラをめぐって ―イチモンジチョウの遍歴―

スイカズラは薬用植物

スイカズラがアメリカに入ったのは、鉄道会社がレールを敷いた土手の、急斜面の土壌崩壊を防止するためだった。しかし、期待されたほどには土壌の安定に働かなかっただけでなく、アメリカ在来の植物社会を撹乱してしまった。スイカズラ（Japanese honeysuckle）は、クズとともに、日本からやってきた、たちのわるいエイリアン、という表現で扱われている。アメリカでは憎まれっ子なのである。

クズの悪行は、日本においても顰蹙《ひんしゅく》を買っているが、スイカズラの場合は、日本では、どんな状況なのだろうか。気になって、自宅近くの雑木林の林縁をしらべてみた。

アメリカ東北部の里山は、ブナやカエデからなる落葉広葉樹林が広がっているという。日本でいえば、東北地方の気候に似ているらしい。私の住んでいる町は、仙台のベッドタウンとして宅地造成がすすんでいるが、それでも、団地の近くには水田や沼があり、そのまわりに、雑木林やアカマツ林の丘が広がっていて、田園風景がよく残っている。

雑木林の高木は、アカマツと、コナラ、カスミザクラ、ウワミズザクラ、イヌシデ、エノキなどの落葉広葉樹に、常緑広葉樹のシロダモが混在している。林縁には、これら高木たちの若木のほか、ガマズミ、ムラサキシキブ、ノイバラ、ヤマハギ、タラノキ、ヤマウルシなどの落葉広葉樹が多く、ときにヒサカキ、マサキ、ヤブツバキなどの常緑性灌木がみられる。

ところどころで、アズマネザサ群落の異常な繁茂が目をひく。そして、それらの灌木・ササ群落に、さまざまな蔓植物─クズ、スイカズラ、ミツバアケビ、ノブドウ、フジ、ヘクソカズラ、サルトリイバラなど─がからみついている。しかしこれらは、林縁の植物社会を破壊している、という感じではなかった。

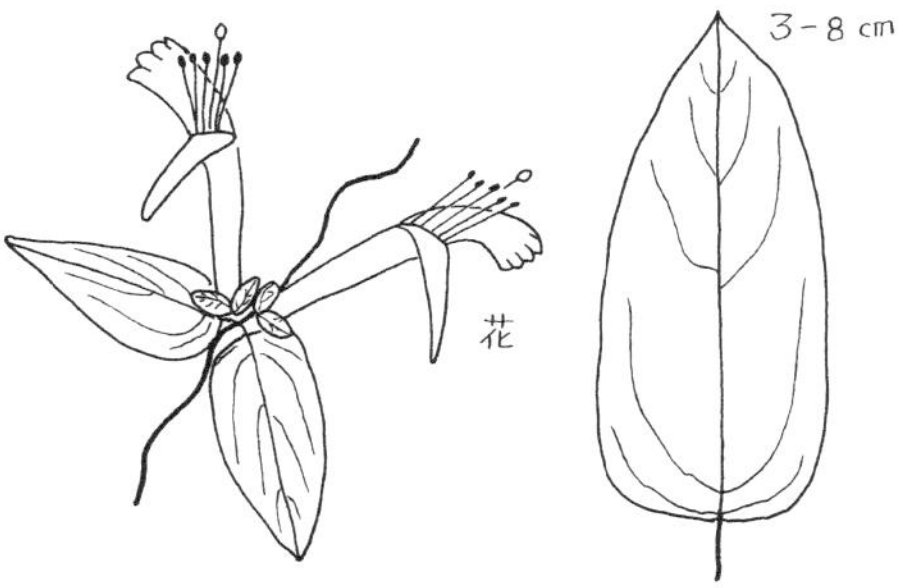

スイカズラ Lonicera japonica

ただ、クズは例外として。

スイカズラは、場所によってはかなり繁茂し、林縁を乱雑にしていた。アメリカ人が嫌う気持ちも少しは理解できた。スイカズラといっしょになって、かなりの頻度でヘクソカズラが出現していた。これはけっこう、かわいい花をつけるのだが、その実は、つぶすと、はなはだ不愉快な匂いを発散させる。もし、アメリカに入っておれば、日本の植物をこきおろす材料にされていたことだろう。

スイカズラは、学名を*Lonicera japonica*という。学名を尊重すれば、ニホンスイカズラとなる。日本では北海道から九州まで分布し、国外では朝鮮半島から中国のほぼ全域に自生している。けっこう、広範囲に分布している、活力のある植物だ。

『中国高等植物図鑑』をしらべてみると、ロニセラ（スイカズラ）

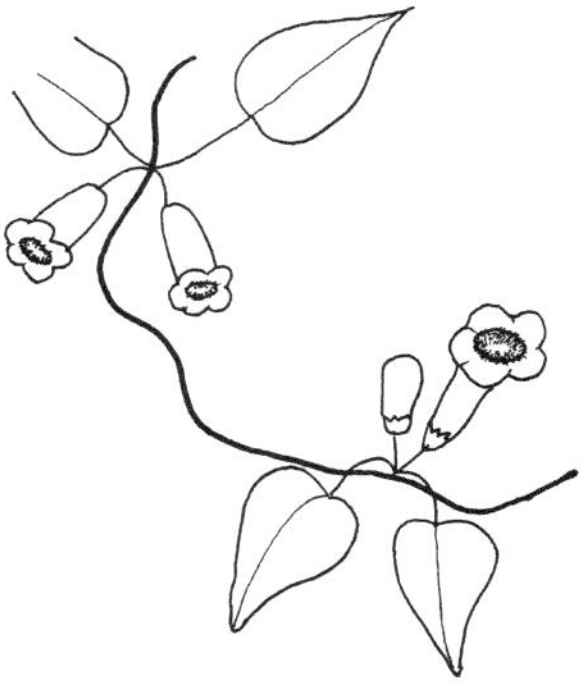
ヘクソカズラの花

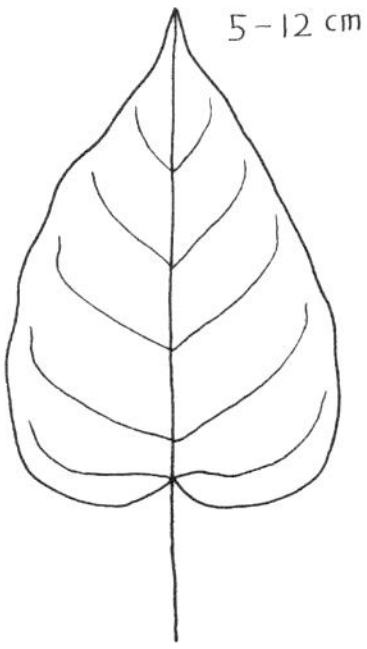

ヘクソカズラ Paederia scandens

属は、ニホンスイカズラを含め、西部・南部を中心に、なんと三二種もあった。中国は、ロニセラの天国らしい。

スイカズラの花には、甘い蜜がある。子供たちがその花蜜を吸うので、スイカズラという名がついたという。別名を忍冬《にんどう》ともいう。これは、冬でも緑葉をつけて、冬の寒さを忍んでいる姿からついた漢名である。

宇都宮貞子さんの『夏の草木』によると、長野県では、この蔓を薬用として風呂に入れる習慣があるという。しかし、そのほかの利用法は聞かない。

ところが、ヨーロッパではスイカズラは薬用のハーブとして、かなり利用されているらしい。英国の『メディカルハーブ』によると、花からとったシロップは、咳、喘息に、蔓からの煎じ薬はインフルエンザの解熱に効くという。しかも、薬用にはヨーロッパ産のものよりも、東洋産の ***L. japonica*** を多く使うという。日本のスイカズラも、捨てたものではない。

日本には、スイカズラ属の仲間は、ヒョウタンボク類とウグイスカグラ類を含めて、一六種ある。裏磐梯の遊歩道を歩いていると、ヒョウタンボクをよくみかける。花はスイカズラに似ているが、黄色で、実は赤く熟する（スイカズラは黒）。おいしそうにみえるが、猛毒である。英国のハーブの本にも、スイカズラの実は毒があるので食べてはいけない、とある。

ところで、スイカズラの増殖力が高いのは、どこに原因があるのだろうか。アメリカの本には、野鳥が好んでこの実を食べるからだ、と書いてある。わが町のスイカズラの実は、どんな野鳥が食べるのか、まだ確認していない。アメリカの自然保護論者のなかには、スイカズラは外来植物ではあるが、野鳥にとっては重要な餌植物になりつつあり、保護すべきだ、という人もいる。

スイカズラを憎めない理由

私には、スイカズラを憎めない理由が、ひとつある。それは、スイカズラの葉がイチモンジチョウとアサマイチモンジという、かわいい蝶の、幼虫の餌になっているからである。

この両者は、羽の図柄がよく似ている。識別点はただ一ケ所。黒地に白斑列がたて帯状に並ぶが、前翅の上から四番目の白斑が、イチモンジチョウではごく小さくて消えかかっているが、アサマイチモンジでは、比較的大きく、はっきりしていることである。

両種とも、日本の里山のどこにでもみられる、ごくふつうの蝶であるが、そんな蝶に私が興味を引かれたのは、イチモンジチョウが日本からヨーロッパまで広く分布しているのに、アサマイチモンジは、日本にしかいない、日本特産の蝶だからである。

私の寓居は、S団地の一角にある。家のまえは、芝生の広場になっていて、そのなかに、クロマツとアカマツの高木（約二〇本）からなる樹林が残されている。その林縁を、ときどき、イチモンジチョウやコミスジがのんびり舞っている。先日、ヘクソカズラの花蜜を吸っているイチモンジチョウをみつけ、白斑列を観察してみたら、アサマイチモンジだった。

林縁をしらべてみると、アズマネザサのあいだに、ガマズミ、ムラサキシキブの灌木が生えており、それにスイカズラやオニドコロの蔓がからんでいた。こんなところにも、アサマイチモンジのためのビオトープが形成されていることを知った。

イチモンジチョウは、日本のほか、中国北部からシベリアを経由して、ヨーロッパまで、広く分布している。これは、幼虫の餌植物であるスイカズラ属とタニウツギ属の群落が、ユーラシア大陸北部に広く存在していることを示している。

しかし、おなじくスイカズラ属を食餌にしているアサマイチモンジの分布は、大陸にはなく、日本の本州に限られている。アサマイチモンジは、どのようにして日本特産種になったのか。また、イチモンジチョウとの生活の違いはどこにあるのか。私はまえまえから、そのことが気になっていた。

どこにでも生えている、雑草みたいなスイカズラの「存在意味」を、私が考えはじめたのは、それが、アメリカでエイリアン植物と呼ばれて、嫌われていることを知ったからである。

それは、一冊の英書を読むという、偶然のできごとからはじまった。その偶然が、スイカズラを、アサマイチモンジの食餌植物という観点から考えなおす、というきっかけを与えてくれた。スイガズラは、日本以外にどこの国にもいない、アサマイチモンジという蝶の生活を支えている、唯一の植物なのだから。

文献をしらべてみて、イチモンジチョウとアサマイチモンジは、なぞに満ちた歴史を背負った存在であることを知った。アサマイチモンジは、なぜ、日本にしか生息していないのか。その追及は、森の謎とき

イチモンジチョウ♂
Ladoga camilla

アサマイチモンジ♂
Ladoga glorifica

の楽しさでもあった。そんな楽しさをいっぱいくれたイチモンジチョウとアサマイチモンジに感謝したい。そして、スイカズラにも。

イチモンジチョウ属の戸籍しらべ

『原色日本蝶類生態図鑑Ⅱ』によると、イチモンジチョウ属（*Limentis*）は、ユーラシア大陸から北米大陸にかけて二五種が知られている。日本には、イチモンジチョウ（*L. camilla*）、アサマイチモンジ（*L. glorifica*）、オオイチモンジ（*L. populi*）の三種が存在する。

私は若かりしころ、北海道富良野の東京大学演習林で、ポプラ類の食葉昆虫を飼育していて、変な形の幼虫からオオイチモンジが羽化してきたときは、びっくりした。オオイチモンジは、本州では、めずらしい高山蝶だったから。イチモンジチョウやアサマイチモンジは、オオイチモンジと同属ではあるが、系統的には少し離れており、別属（*Ladoga*）にする研究者もいる。

ラダゴ属の特徴は、幼虫の各節に長い突起がみられること、餌植物がスイカズラ科であること、そして分布の中心は、中国西部・チベット（数種存在）にあり、一部が中国東北部・アムールと日本に隔離分布していること、である。この分布スタイルは、ミヤマシロチョウ（2部「ミヤマシロチョウの長い旅」の章を参照）に似ている。北方系の、古いタイプの蝶がとる分布の形である。

イチモンジチョウもアサマイチモンジも、日本の低山里山にふつうにみられる。両者の生態的なちがいは、イチモンジが広域的で、アサマイチモンジが狭域的である。その理由のひとつとして、アサマイチモンジは、スイカズラ属しか食べないのに、イチモンジチョウは、スイカズラ属のほかに、タニウツギ属（*Weigera*）をも食餌にしていることがあげられている。だから、イチモンジチョウは、タニウツギ属の多い、標高の高いところや、奥山にまで、進出している。

このことは、イチモンジチョウのほうが、活力があり、進化型であることを示している。しかし、スイカズラ属のふるさと中国に、なぜアサマイチモンジが生息しないのか、という疑問はとけない。

アサマイチモンジの日本逃避行

青山は『中国のチョウ』という本のなかで、次のように述べている。

「*glorifica*（アサマイチモンジ）、*camilla*（イチモンジチョウ）のイチモンジ型斑紋は祖先的形質の現れであり、*glorifica* は分布末端の日本でその形質を保ったまま残存しつづけ、*camilla* も本来はどちらかといえば遺存的な種で、繁栄型のミスジ型近縁種のいないどこかで細々と生き永らえたのち、比較的近年になって分布圏を広げた……」と。

つまり、アサマイチモンジは、イチモンジチョウにくらべると、より原始的、より遺存的な種で、イチモンジチョウより、はるか古い時代から日本にすみついている、という考え方である。

青山さんの考えは、すっきりしていて、気持ちがいい。おかげで、私の頭のなかで、もやもやしていた問題が、かなりすっきりしてきた。

推理を働かせば、次のような物語ができる。

アサマイチモンジの先祖は、おおむかし、スイカズラ王国・中国西部を生息中心地として、日本の温帯域にまで分布を広げ、ゆうゆうと生活していた。ところが、進化したイチモンジチョウ群（ミスジ型）の出現で、ふるさとを追われ、一部は、四川省やチベットの寒冷な山岳地帯に逃げこみ、一部は、日本という、隔離列島で生き残ることができた。

アサマイチモンジをしらべていて、日本列島は、原始的な、よわい生きものの、かけこみ寺になっていることを知った。しかもそれらは、細ぼそと生きているのではなく、豊かに、のんびりと、日本の風土を楽しみながら、生きているのである。このことを証明する蝶や樹木は、ほかにもたくさん存在することを、この本のなかで示していきたい。

時代はややおくれて、こんどはイチモンジチョウ（アサマイチモンジよりやや進化型）にも、似たような状況がおきる。しかし、イチモンジチョウの場合は、一部はヨーロッパへ、一部は東アジア北部と日本へ逃げて、生きのびている。アサマイチモンジより、生活力があったからだ、と思う。

日本列島へ逃げてきたイチモンジチョウは、アサマイチモンジと混生することになる。アサマイチモンジは、食餌植物をスイカズラ属に限定しているが、イチモンジチョウは、食餌植物をスイカズラ属からタニウツギ属にまで広げている。じつは、日本はタニウツギ属の天国で、各地にさまざまな種が分布している（中国には、二種しか存在しない）。そのおかげで、日本は、イチモンジチョウにとっては住みよい国となった。

もしかしたら、イチモンジチョウが、スイカズラ属のほかに、タニウツギ属を食餌に取りこんだ場所は日本かもしれない。青山は、『中国のチョウ』のなかで、イチモンジチョウは、比較的近年になって、分布圏を拡大したらしい、と書いているが、その分布拡大の原因は、日本で食餌植物の範囲をタニウツギ属にまで拡大したことにある、と私は考えている。

ところで、古型のアサマイチモンジやイチモンジチョウを、中国大陸の西南部から駆逐した、進化型・ミスジ型のイチモンジチョウとは、どんな蝶なのだろうか。

それは、現在、中国西南部で多彩な発展をとげているヤエヤマイチモンジ群（*Athyma*属、日本には八重山諸島に生息）ではないか、と思う。しかし、ヤエヤマイチモンジの仲間は、アカネ科のコンロンカやアカミズキを食餌としているから、アサマイチモンジやイチモンジチョウとは、直接、競争関係になることはない。

ヤエヤマイチモンジ（左♂右♀）
Athyma selenophora

問題の蝶は、スイカズラ属を食餌にしているはずである。むかし、イチモンジチョウを追放した問題の蝶が、いまでもどこかで、なにくわぬ顔をして、スイカズラを食べながら、生きているにちがいない。それがなにものなのか、私にはわからない。

カエデ天国、日本

ノルウェーカエデのアメリカ侵略

外来植物を、アメリカではエイリアンと呼び、日本では帰化植物と呼ぶ。日本人は、本質的に心根のやさしい人種のようだ。アメリカに侵入し、問題を引きおこしている日本の植物は、多くは蔓性木本植物である。これらの活躍場所は林縁で、自然林内に入ることはない。ところが、自然林内に入り込んだ高木性のエイリアンがいる。その名はノルウェーカエデ（***Acer platanoides***）。

ノルウェーカエデは、樹高二五〜三〇メートルにもなる大木である。ヨーロッパの中・北部に広く分布し、東はウラルまで広がっている。平地や低山に生え、オークやブナと混交している。ヨーロッパアルプスでは、標高一〇〇〇メートルまでのぼっている。ヨーロッパ低温につよい樹種らしい。さまざまな環境によく耐える、ということで、イギリスでは早くから導入され、各地に植林されている。

ノルウェーカエデ Acer platanoides

サトウカエデ　*Acer saccharum*

ノルウェーカエデの紅葉は、基本的には黄色なのだが、赤く紅葉するさまざまな園芸品種ができていて、アメリカでの評判もよい。州政府機関も推奨している。というわけで、このカエデは、アメリカ東北部の諸州で、街路樹としての地位を不動のものにしている。しかし、じつは、アメリカの自然の森にとって、危険きわまりない存在になりつつある。

　前述の**Sauer**さんの本には、次のような記事がある。「秋おそく、自然の落葉広葉樹林に入ってみよ。木々の葉が落ちてしまったとき、ノルウェーカエデのバターイエローの葉が、不気味に広がっているのをみるだろう。森の下層を、このカエデの実生苗が連続的に占拠しているのだ。ほかの樹種の実生苗はわずかしかみられない。苗木が成長したとき、この森は、在来の樹木や野草に置きかわって、完全にノルウェーカエデのものになっていることだろう。」

　ニュージャージー州ドゥリュー大学森林保護区では、ノルウェーカエデの実生苗は、すべての樹木苗木の九八%を占めるほどになっている。在来種のサトウカエデは二%、アメリカブナはわずか〇・〇五%にすぎないという。

　ノルウェーカエデは、大きくて、厚く、黒っぽい葉をもち、春早く葉を開き、秋は、在来種の樹木が葉を落としたあとも、かなり長く葉をつけている。

　このようにして、森のなかに長く影を落とし、森を暗くし、地表植生の発育をじゃまする。この結果、森の土は裸地化し、土壌を安定化させる働きが低下する。

ブナの森は共存共栄

鳴子鬼首《おにこうべ》のハンノキ・ハルニレの森は、やや開けた谷間に位置し、なかを一本の小川がゆったり蛇行している。雪が融けるとまもなく、林床ではカタクリ、キクザキイチリンソウ、ユリワサビなどが、そして小川のそばではミズバショウが、緑葉を伸ばし、花を咲かせ、そして、実をつける。そのとき、森は春草たちのお花畑となる。

五月も半ばをすぎると、春草たちは、もう繁殖活動を終える。そのころ、森の中間層はグリーンにかすむ。ツリバナ、コマユミ、ルリミノウシコロシ、ミヤマイボタなどの灌木たちと、ヤマモミジ、ハウチワカエデ、ノリウツギなどの中木たちが、いっせいに新葉を展開させるからだ。しかし、ハルニレ、トチノキ、ヤチダモ、ハンノキなど、森の最上層を占める高木たちは、やっと芽を開く気分になったばかりである。

この森の植物たちの葉の展開順序は、最下層からは

早春のハンノキ・ハルニレの森

じまり、最上層でもっとも遅い。このようにして、すべての植物にまんべんなく光が分配される。森の最上層を占める高木たちが、光を独占しようと思えばできる位置にありながら、中間層のカエデ類や、林床の野草たちの生存に気をくばっている。それは、なにを意味するのだろうか。

樹木や野草の種類が多いほど、それらの植物を食べて生きている昆虫の種数や個体数が増える。これは、一見、困った現象にみえるけれど、じつは、昆虫が増えると、それを餌にする野鳥の種数や個体数が増えてくるのである。そして、野鳥が多いほど、森の社会は安定する。その結果、高木たちも安心して生きていける。

ある一種の高木が、光を独占し、ほかの植物を圧倒し、自分たちだけの同族社会を形成すれば、一見、種族が繁栄しているようにみえるけれど、じつは、同族社会は安定がわるく（たとえば、病虫害や台風害にやられやすい）、崩壊しやすいのである。落葉広葉樹林の高木たちは、そのことを長い年月をかけて、自然から学んできたのだと思う。

ところが、アメリカ東北部の落葉広葉樹林に侵入したノルウェーカエデは、アメリカの植物たちとの共存の仕方を知らないらしい。エイリアンのかなしさである。その結果は、どうなるだろうか。一時的に、ノルウェーカエデ一族が森を独占したとしても、いずれは、一族が破滅するときがくるだろう。それを経験して、はじめて、ノルウェーカエデは、アメリカの森林社会の構成員として、市民権を得ることができるのではないだろうか。

もし、ノルウェーカエデが日本に入ってきたら、おなじことがおきるだろうか。乾燥大陸の植物は、日本の荒れ地には定着できても、湿潤な自然の森には侵入できないのではないか、と私は思う。

それに、日本にはイタヤカエデという、強力なカエデがいて、ノルウェーカエデは追い出されてしまうだろう。

カエデがササを抑える？　―アレロパシー（排他的戦略）―

Sauerさんによると、ノルウェーカエデが北アメリカの落葉広葉樹林で在来樹種を圧倒するのは、つよいアレロパシーを発揮するからだという。その落葉は、多くの樹種の成長を抑制し、その結果、ノルウェーカエデの下の土は、いちじるしく裸地化するという。

アレロパシーとは、ある種の植物が、競争的戦略から、特殊な化学成分を生産して、ほかの植物の発芽、成長を妨害する現象をいう。排他的化学成分は、根、葉、茎から、そして落葉からも生産される。

また、アレロパシーは、おもしろいことに、特定の植物に作用することも知られている。では、アレロパシーの働きをする成分にはどんなものがあり、それが、どんな植物に作用しているのだろうか。

最近、植物アレロパシーの化学的作用について書いた本が出版された。その本には、樹木が生産する化学成分とそれが作用する相手植物について、いろいろな例が示されていた。たとえば、サトウカエデ（フェノリクス→キハダカンバ）、クルミ（キノン→高木、灌木、広葉草本）、セイヨウカジカエデ（クマリン→イネ科草本）、ウワミズザクラ（シアン配糖体→アメリカハナノキ）、ユーカリ（テルペンとフェノリクス→灌木、広葉草本、イネ科草本）などである（括弧のなかは、化学成分→作用対象植物）。

マツ葉は樹脂を含む。樹脂は揮発性のテルペンと不揮発性の樹脂酸からなる。マツ葉のつもった林床では、なかなか広葉樹の苗は生えてこないが、これも一種のアレロパシーと考えるべきか。

宮城県鳴子の東北大学演習林に勤務していたときの話。技官のY君とふたりで、クマイサザの薮こぎしながら、コナラ・ミズナラの雑木林を歩いていた。途中、さわやかな緑の樹林が日陰をつくっていた。ほっとして休憩する。林床にはササがなく、イチヤクソウやチゴユリなどがかわいい花を咲かせていた。

日陰を形成していたのは、ヤマモミジ、ハウチワカエデ、コハウチワカエデ、マルバカエデなどのカエデ群落だった。ナラの高木群の下で、中間層をカエデの中木群が占めていた。一段林を形成していたのだった。

Y君はいった。「どこでもそうですが、カエデの下にはササが生えないようですよ」。そういわれて、はじめて気づいた。カエデがササを抑えている！

ササは光を欲しがる植物である。カエデ類の細かい葉群が、適当に日光を遮断し、ササを抑えている。そのときは、そう思った。いま、Sauerさんの本を読んでいて、やっぱりアレロパシーが働いているのかもしれない、と考えなおした。

日本海側のブナ林は、一般的に、林床がチシマザサにおおわれていて、ブナが実生するのも困難な状況にある。ところが、栗駒山（宮城・秋田・岩手の県境）のブナ林は、ササが少なく、ブナの実生も順調で、赤ちゃん苗、子供の木、青年の木、壮年の木、そして、老木と、各年齢階がそろっていて、きわめて健康な森社会を構成している。

いままで、その理由が、どうもうまく説明できなかったのだが、栗駒のブナの森は樹種構成が多様で、なかでも、カエデ類（イタヤ、ハウチワ、コハウチワ、マルバ、ウリハダなど）の種類の多いことが、ササを抑えこんでいるのではないかと、いまは考えている。ササのない林床では、オオカメノキ、クロモジ、タムシバ、イヌガヤ、アオキ、ユズリハなどの低木群落が発達してくる。これらの灌木の下では、ブナは、みごとに実生している。

いま、里山雑木林の管理が問題になっている。いちばん大きな問題は、アズマネザサの繁茂である。林床をササでびっしりと埋められては、人も歩けない。ササの下には光もささず、カタクリやウスバサイシンなどの、かわいい草花も消えていく。だから、これらを餌にしているヒメギフチョウも生きていけない。また、スミレ類が消えれば、それを餌とするヒョウモンチョウ類も生きていけない。

里山の雑木林は、いまや、生きもののいない、不毛の藪と化しつつある。対策としては、ササを退治することにあるが、漠然とササ刈りをするだけでは、手間がかかって効果が少ない。根本対策は、ササ群落の上に灌木群落を育成することだと思う。

その方法として、ササ藪のなかに自然に生えてくる広葉樹の若木を探し、そのまわりのササを坪刈りして、広葉樹を育てること、そして、カエデ類（主としてヤマモミジ）に注目し、カエデ類をササ対策の中心樹種にすえ、場合によってはカエデ類を植栽すること、などを提案したい。

日本と中国のカエデ相比較

H. Johnson『世界の樹木』を読んでいたら、カエデの本場は中国中央部にある、と書いてあった。そこで、『中国高等植物図鑑』から野生カエデの種類をぬき出し、日本のカエデと比較してみた。記載されていたのは、中国三三種に対して、日本は二三種であった。

中国と日本に共通して分布している種は、イタヤカエデ、ヤマモミジ、カラコギカエデ、オガラバナ

（ホザキカエデ）、クスノハカエデの五種であった。それ以外の日本の一八種は、日本特産になるのだが、よくしらべてみると、日本特産といっても、その近縁種が中国に存在していることがわかった。

日本のカエデの多くは、中国をふるさととして、日本列島に移動し、隔離されて特殊化し、日本特産種になったと考えられる。その代表が、ハウチワカエデ、コハウチワカエデ、ヒナウチワカエデ、オオイタヤメイゲツなど、ハウチワ型のカエデ類である。

日本と中国のカエデ相は基本的にはおなじとみてよい。しかし、中国のカエデの種数は日本よりも一〇ほど多い。その理由は、中国の南部（台湾を含め）に、常緑性のカエデが数多くあるのに、日本には沖縄にクスノハカエデ一種しか存在しないからである。

常緑性のカエデは、中国には七種もある。しかし、日本には、沖縄に一種しかない。それは、なぜだろうか？　沖縄のクスノハカエデは、石灰岩地帯にのみ自生するという。これは、この種が原始的な、よわい種で、アルカリ性土壌に逃げこんでいることを示している。まず最初に、このことに注目しておこう。

琉球列島は、いまから一〇〇〇万年まえに大陸から分離している。そのため、それ以前に生まれた古型の種（クスノハカエデ）は沖縄に入っているが、それ以後に生まれた、進化した種は沖縄には入れなかったのではないか、と私は考えている。一方、温帯系の落葉性カエデ類は、朝鮮半島を経由して、比較的最近まで、日本に入りこめたのである。

落葉性カエデ類の分布の中心は温帯にある。日本における落葉性カエデ類の分布をしらべてみると、北海道八種、本州二二種、九州一二種、屋久島三種、となっており、分布の中心が本州にあることがわかる。本州でも、中部から東北南部にかけて、種の集中がみられる。この地域が、日本という風土の特性を、もっ

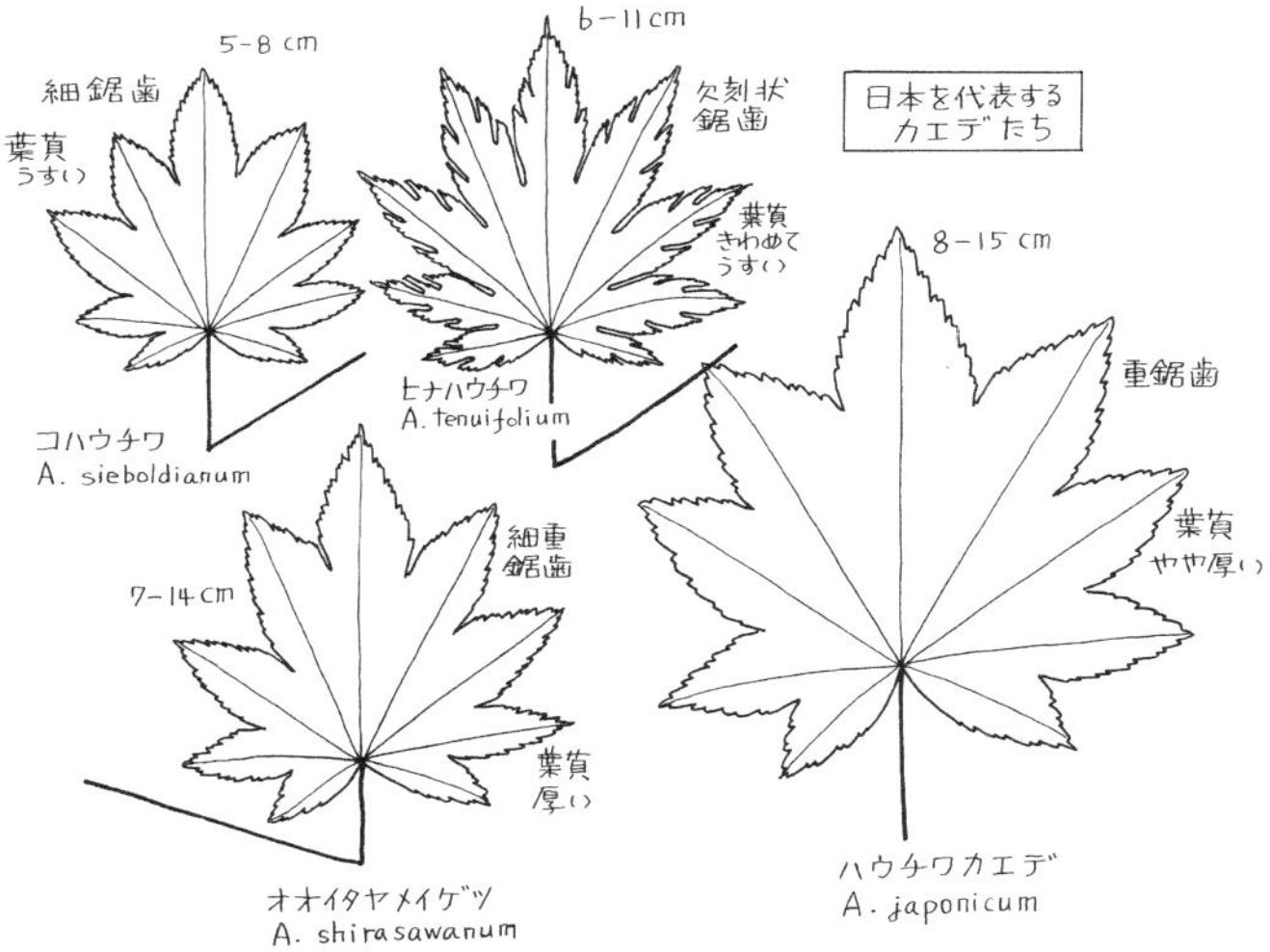

とも豊かに備えているのではないか、と思う。カエデが、そう語っているのである。

欧米と日中のカエデ相比較

欧米でSmooth Japanese mapleといえばヤマモミジをさし、Downy Japanese mapleといえばハウチワカエデをさす。ハウチワカエデは、またFullmoon mapleとも呼ばれている。円形の大きな葉を満月にみたてたのであろうか。日本はサクラの国であると同時に、カエデの国としても認識されている。

さらに、メグスリノキはNikko maple（日光カエデ）と呼ばれ、そのあざやかなピンク色の紅葉が高く評価されている。

欧米には三出複葉のカエデや丸葉型のカエデがないので、日本のチドリノキも興味を引くらしい。ある英語の樹木図鑑を読んでいたら、渓谷ぞいに多いチドリノキについて、その新葉の輝くような緑はすばらしい、と書いてあった。この本の著者は、日本の樹木の特性

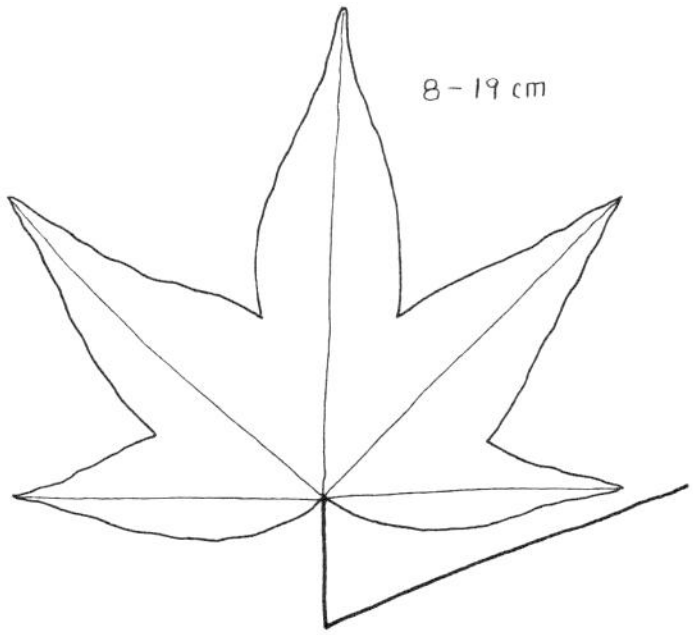

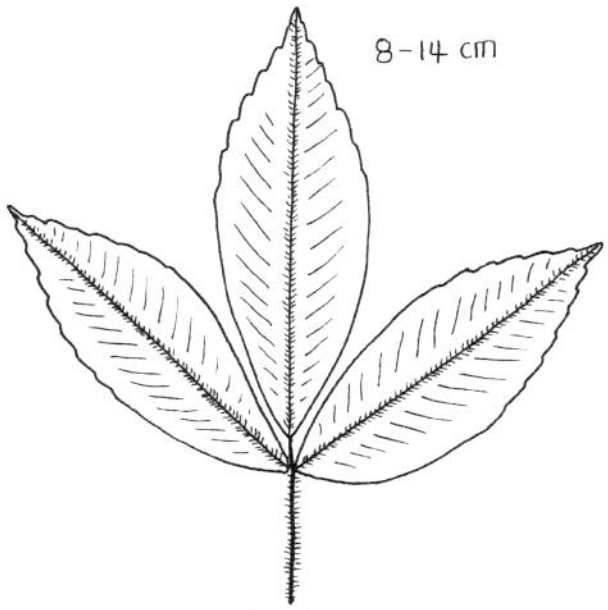

を、よく認識している人だと思った。

では、北アメリカ東部やヨーロッパのカエデ相は、どんなたぐいのものだろうか。その特徴は、日中のカエデ相と比較すれば、みえてくるだろう。

しかし、このようなデータは、案外、みあたらないものだ。とすれば、自分で作るしかない。そこで、手元にある資料や図鑑類を参考にして、「カエデ属世界分布」の一覧表を作成してみた。それが表1である。もちろん、植物学にしろうとの私が作成したものであるから、まちがいがあるかもしれない。でも、私の意図には十分こたえてくれると思う。

この表から、カエデ属の種数を拾ってみると、北アメリカ東部では九種、ヨーロッパでは六種であった。東アジアにくらべると、種数は圧倒的に少ないことがわかる。しかも、その主流はカジカエデ群（カナダの国旗サトウカエデの葉形）とハナノキ群で、ほかのタイプのカエデはごくわずかしかみられない。

カジカエデ群は原始的なカエデ群で、日本にはカジカエデとミヤベカエデの二種がみられる。ところが、おどろいたことに、カエデ天国の中国に、カジカエデ群がひとつも存在しない。

表1　カエデ属（Acer）の世界分布（西口作成）

	アメリカ	ヨーロッパ	中国	日本	
Ⅰカジカエデ型	saccharum	platanoides	なし	diabolicum	カジカエデ
	nigra	pseudoplatanus		miyabei	ミヤベカエデ
	saccharinum	campestre			
	macrophyllum	lobelii			
		opalus			
Ⅱトウカエデ型	rubrum (アメリカハナノキ)		buergerianum (トウカエデ)	pycnanthum (rubrum var.)	ハナノキ
		tataricum	ginnala	ginnala	カラコギカエデ
			semenovii		
Ⅲヤマモミジ・ハウチワ型	circinatum		palmatum	palmatum	ヤマモミジ
	spicatum		pseudo-sieboldianum	sieboldanum	コハウチワカエデ
			sinense	japonica	ハウチワカエデ
			oliverianum	shirasawanum	オオイタヤメイゲツ
			flabellatum	tenuifolium	ヒナウチワカエデ
				日本特産	
Ⅳホザキカエデ型			erianthum	argutum	アサノハカエデ
			ukurunduense	ukurunduense	ホザキカエデ
			wilsonii		
Ⅴウリハダカエデ型		pensylvanicum	kawakami	capillipes (pensylvanicum var.)	ホソエカエデ
			laxiflorum	rufinerve	ウリハダカデ
				crategifolium	メウリカエデ
Ⅵミネカエデ型			komarovii	tschonoskii	ミネカエデ
			barvinerve	micranthum	コミネカエデ
			franchetii	nipponicum	テツカエデ
Ⅶカシ・クス型 (常緑)			oblongum	oblongum	クスノハカエデ
			paxii		
			cordatum		
			cinnamomifolium		
			fabli		
			laevigatum		
			litseaefolium		
Ⅷチドリノキ型			decandrum	carpinifolium	チドリノキ
			davidii	distylum	マルバカエデ
Ⅸ三出複葉型			triflorum	nikoense	メグスリノキ
			griseum	cissifolium	ミツデカエデ
			mandshuricum		
			henryi		
			pentaphyllum（五出複葉）		
			日中特産		
	アメリカ特産				
Ⅹ羽状複葉型	negundo（ネグンドカエデ）				
XⅠイタヤカエデ型			mono	mono	イタヤカエデ
			truncatum		
			catalpifolium		
種数	9	5	33	23	

イタヤカエデは発展中

原因は、イタヤカエデにある、と私はみている。

イタヤカエデの葉の特徴は、五本の指をもつが、葉のふちに鋸歯がない、という点にある。葉がでっかいもの、小さいもの、指の細長いもの（エンコウカエデと呼ばれている）、太短いもの、新葉の赤いものや青いもの、などなど、さまざまな変異がみられるが、どれもイタヤカエデである。変異が大きいことは、この種がただいま発展中であることを示している。

イタヤカエデのふるさとは中国にある。中国では、ほぼ全域に分布している。さらに、東へ進んで、朝鮮半島をとおって日本にも広がっている。また、西にむかっては、西アジアにまで勢力を広げている。小アジア（トルコ）にはカパドシアカエデという種が存在するが、これはイタヤカエデとそっくりの葉をしている。イタヤカエデは進化型のカエデ、と私はみている。

しかし、ヨーロッパやアメリカにはイタヤカエデは進出していない。おかげで、ヨーロッパ中・南部ではセイヨウカジカエデが、中・北部ではノルウェーカエデが勢力を張り、北アメリカ東部ではサトウカエデが勢力を張っている。ヨーロッパと北アメリカは、カジカエデ群の天国となっている。

イタヤカエデとサトウカエデ（あるいはノルウェーカエデ）は似ている。どちらも大木になる。葉形は大きい。花は、どちらも黄色で、葉の出るころ、枝さきに散房・円錐状に咲く。秋、どちらも黄葉する。樹液は甘く、シロップがとれる。

イタヤカエデとサトウカエデ、あるいはノルウェーカエデは、どうやら生活型が似ているらしく、それゆえ、三者は共存できないらしい。アメリカのサトウカエデが、侵入してきたノルウェーカエデによって駆逐されつつある、という現象は、両者が共存できないことを示している。中国にカジカエデが存在しないのは、もしかしたら、イタヤカエデによって滅ぼされてしまったのかもしれない。

日本でも、カジカエデは数は少ないし、ミヤベカエデにいたっては、希少なカエデになっている。それでも、両者が生き残っているのは、日本の風土が、ふつうの山・川・谷のほかに、火山あり、温泉ありと、地形・地質が細かく、多様的（箱庭的）で、つよいカエデも、よわいカエデも、それぞれ生き残る場所をみつけたのだろう、と思う。日本は、進化したカエデたちと、古型のカエデたちが混在して、カエデ天国になっている。

ハナカミキリに乾杯

樹花に集まるカミキリムシ

絵手紙の先生をしている伊藤正子《せいこ》さんから、ミツデカエデの花穂を描いた絵手紙をいただいた。かの女は、私の森林教室の生徒さんでもある。

「桑沼への途中、全体に黄粉をまぶしたように黄色くなっている大木がありました。近づくにつれ、甘い香りがしてきました。なんだろうと、想像しながら近づいていく過程がおもしろいですね。ミツデカエデでした。」

桑沼は、仙台市の郊外、泉ケ岳山麓の奥、ブナの原生林のなかにある。

カエデ類の花は、案外、早い季節に咲く。ブナ帯の山道にはハウチワカエデも多い。新葉が開ききっていないのに、もう葉間に、赤いつぼみの房がちらちらみえる。小さいので、ついみすごしてしまうが、よくみると、おどろくほど美しい。

五年ほどまえ、山小屋の庭に、ウリハダカエデを二本植えた。よく成長し、現在は、背丈が三メートルを超えている。そして、春になると、もう、黄色い花を尾状に垂らすようになった。

カエデ類の花は、蜜と花粉が豊富にあるらしく、甘い香りを発散させる。花が小さいので、蝶が集まっているところをみたことはないが、ハナカミキリがよく集まるらしい。山小屋のウリハダカエデの花には、どんなハナカミキリが来てくれるのだろうか。

中山周平『野山の昆虫』の頁をめくっていたら、カエデの花に集まるカミキリの種類が出ていた。アオバホソハナカミキリ、ヒメハナカミキリ、セスジヒメハナカミキリ、ミヤマルリハナカミキリ、ナガバヒメハナカミキリ、ヨツボシチビハナカミキリ、ミヤマルリハナカミキリなど、一七種（トラカミキリ類も含む）も記録されていた。小型のヒメハナカミキリが四種も来ているのは、注目される。

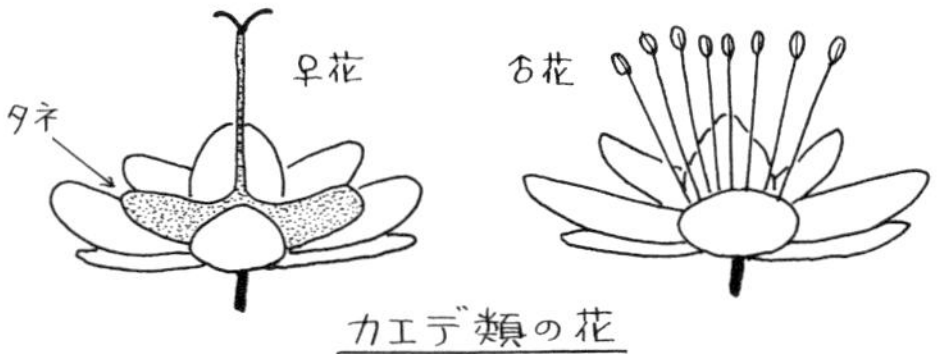

カエデ類の花
岩瀬より

私は、十何年かまえ、乳頭温泉のブナの森で昆虫採集していて、シシウドやノリウツギの花から、いろいろなハナカミキリやヒメハナカミキリの仲間を採集したことを想い出した。その標本は、いまも箱のなかに眠っている。種類はまだ同定していない。

ハナカミキリの仲間は、子供たちの昆虫採集には、おもしろい相手になる。いや、年寄りの趣味としても、楽しめる対象物である。双眼実体顕微鏡をのぞきながら、小さなカミキリムシの細部をスケッチし、同定していくのは、楽しい作業である。暇ができたら、今度は孫をつれて、ハナカミキリの採集旅行に行くことを夢みている。

日本はハナカミキリの天国？

日本は、前章で述べたように、カエデ天国である。そして、カエデの花がハナカミキリの仲間から好まれるとすれば、日本はハナカミキリの天国かもしれない。

ふだんからなんとなく、そう思っていたのだが、最近、黒沢良彦・渡辺泰明『甲虫』（山渓フィールドブックス）を読んでいて、びっくりしてしまった。その本には、つぎのような解説があったからだ。

「ヒメハナカミキリ類は大陸にはそれほど種類が多くないのに、日本では極端に種の分化が進み、約四〇種もいる。日本の過去の地形と気候の変化がその分化を引き起こしたのであろうが、サワフタギ、ノリウツギ、ショウマ類、シシウドなど、集まる花にも好みがあり、さらに出現季の相異などもそれに拍車をかけたのであろう」と。

日本列島は、ほんとうに、小型ハナカミキリ類の天国だったのだ。

では、日本列島には、どんな種類のハナカミキリが生息しているのだろうか。そのなかにあって、小型のヒメハナカミキリの種類が多様化した原因は、なんだろうか。蜜や花粉を提供する花にも関係があるとすれば、問題となる花は、どんな種類の花なのだろうか。

さまざまな疑問が湧いてきて、私はまた、その謎ときに没頭することになる。

ハナカミキリ類の一覧表作成

そこでまず、日本に生息するハナカミキリ類の一覧表を作成することにした。手元にある昆虫図鑑をしらべてみた。このようなデータは、案外、子供むけの昆虫図鑑から得られることがある。高度に専門化し

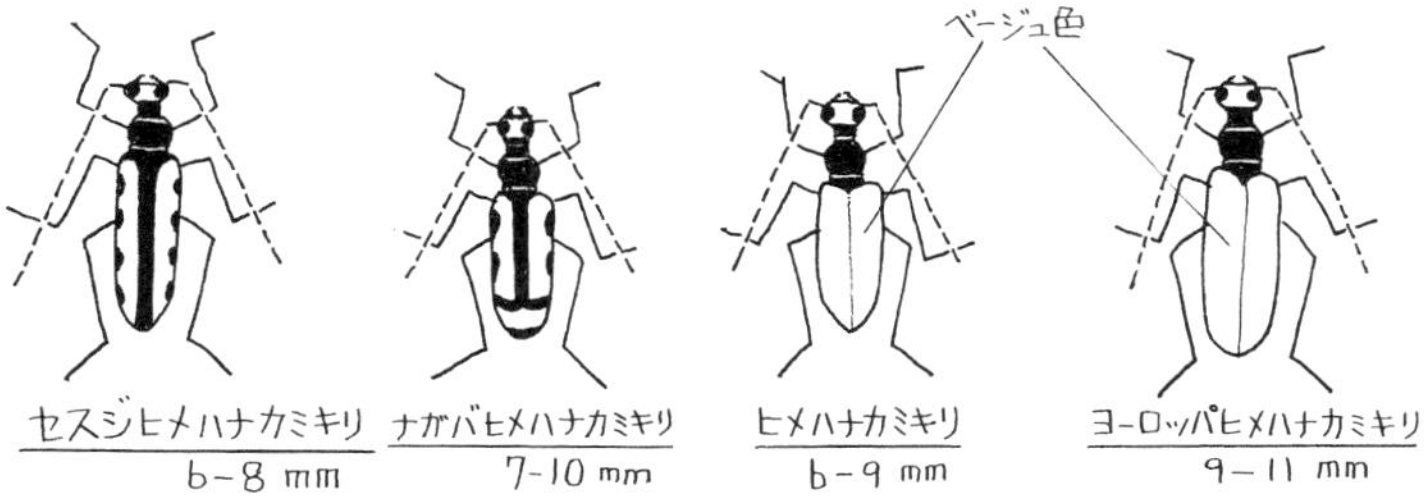

た図鑑は、生態的な問題を考えるには複雑すぎて、かえって、資料としては使いにくい。

今回は、学研『オルビス学習科学図鑑・昆虫2』を参考にして一覧表を作成し、保育社『原色日本甲虫図鑑Ⅳ』と岡島秀治監修『甲虫』で、修正と補足を加えた。それが表2に示されている。

カミキリムシの幼虫は、一般に、枯れ木の材部を食べて育つ。枯れ木の材には栄養分、とくに蛋白質が少ないので、幼虫の成熟には二、三年かかる。カミキリムシは、新成虫になっても、栄養不足の状態にあるらしい。ハナカミキリの場合は、産卵するまえに、樹木や野草の花を訪れ、花粉を食べる。蛋白質を補給するため、と思われる。

そこで、表2から、ハナカミキリが集まる花の種類をしらべてみた。カミキリの種数が圧倒的に多かった花は、ノリウツギとシシウドであった。そのほかに、カエデ、クリ、リョウブ、ミズキ、サワフタギ、ガマズミ、ツルアジサイ、ショウマ類、などをあげることができる。

これらの花を、咲く季節でまとめてみると、

真夏　：ノリウツギ、シシウド、リョウブ、ショウマ
梅雨季：クリ、ガマズミ、サワフタギ、ツルアジサイ、サワフタギ
春—初夏：カエデ、ミズキ

表２　ハナカミキリ類の出現月,花の種類,幼虫の寄生木　（その２）

種類	出現月	花	幼虫寄生木	生息域
26 ヒメアカ	7-8	ノリウツギ	ブナ,ダケカンバ	温上
27 ルリ	6-8	ノリウツギ,シシウド		温
28 ツヤケシ	5-8	ノリウツギ,シシウド リョウブ,ショウマ類	アカマツ,トウヒ, カラマツ	温上-針
29 オオ	7-8	ノリウツギ,リョウブ	ブナ,ダケカンバ	温上
30 アオバホソ	5-8	サワフタギ、ツルアジサイ ノリウツギ	サワフタギ,リョウブ, ヒメシャラ	温-針
31 ヘリグロホソ	5-6	サワフタギ,ウシコロシ		温
32 ニンフ	5-8	ノリウツギ,シシウド	ツガ,アカマツ；コナラ,サワフタギ	温
33 カエデヘリグロ	5-6	カエデ,ミズキ	カエデ、ハリギリ, コシアブラ	温-針
34 マルガタ	7-8	ノリウツギ,シシウド		温上-針
35 モモブト	6-8	ヤマニンジン		温上-針
36 キンモン	6-8	クリ,サワフタギ	オオシラビソ	温上-針
37 ヤマトキモン	6-8	クリ,サワアジサイ		温
38 クロ	5-8	シシウド,オオカサモチ		針-高
39 ヤツボシ	5-8	シシウド	マツ；コナラ, タラニキ	温
40 ヨツスジ	6-8	クリ,ノリウツギ, リョウブ	針葉樹；広葉樹	暖-針
41 コヨツスジ	7-8	ノリウツギ,シシウド, リョウブ	ブナ,ダケカンバ	温上
42 オオヨツスジ	7-8	ノリウツギ,リョウブ	モミ,ツガ,ブナ, トドマツ,アカマツ	温
43 フタスジ	6-8	ノリウツギ,シシウド	モミ,シラカンバ, ツガ,イタヤカエデ	温
44 ホソ	5-7	ヤグルマソウ,ノリウツギ サワアジサイ,ショウマ類		温
45 ヒゲシロ	6-8	ノリウツギ,リョウブ	ホオノキ	温上
46 カタキ	5-8	ガマズミ,ノリウツギ, リョウブ		温-高
47 コウヤホソ	7-8	ノリウツギ,リョウブ		温
48 オオホソコバネ	7-8	ミズキ,イケマ	ブナ,ダケカンバ	温上
49 オニホソコバネ	5-7	クリ	クワ	温

針：針葉樹林帯、暖：常緑広葉樹林帯、高：高山帯、温上：温帯林上部（ブナ帯）、
温：温帯林（落葉広葉樹林帯）

参考文献 学研『オルビス科学図鑑 昆虫２』、岡島秀治監修『甲虫』、保育社『原色日本甲虫図鑑Ⅳ』

表２　ハナカミキリ類の出現月、花の種類、幼虫の寄生木　（その１）（西口作成）

種類	出現月	花	幼虫寄生木	生息域
1 ケブトハナ	5-7			
2 ハイイロ	3-11		コメツガ,シラベ, アカマツ	針
3 ニセハイイロ	7-8		シラベ,トウヒ, アカマツ	針
4 アラメ	6-9	ナナカマド,ショウマ類	シラベ,トドマツ	針
5 モモグロ	5-8	シイ,クリ,ガマズミ		温
6 フタコブルリ	6-8	クリ,ミズキ,ガマズミ ノリウツギ,ツルアジサイ		温
7 キベリカタビロ	7-8	ノリウツギ,シシウド	ツガ,トウヒ, オオシラビソ	針
8 フタスジカタビロ	6-7	ミズキ,ヤマシャクヤク		温上
9 トホシ	5-8	シシウド,ハクサンフウロ		針－高
10 クモマ	7-8	ミヤマシシウド,オオカサモチ オニシモツケ,ショウマ類		針－高
11 カラカネ	6-8	ノリウツギ,シシウド	ブナ,ケヤキ,ミズキ, カエデ,カラマツ, トウヒ,オオシラビソ	温上－針
12 ニセハムシ	6-8	シシウド		針-高
13 キバネニセハムシ	4-5	カエデ,ツルアジサイ ウワミズザクラ	ミズキ, アカメガシワ	温(進化型)
14 ヒメハナ	7-8	カエデ,ツルアジサイ, ノリウツギ,シシウド		針-高
15 ニセヨツボシチビ	7-8	シシウド,オオカサモチ, ショウマ類		温上-針
16 セスジヒメ	4-6	カエデ		暖
17 チャイロヒメ	5-8	カエデ,ショウマ類		暖-温
18 オオヒメ	5-8	ノリウツギ,ショウマ類		温
19 チャボ	6-8	ノリウツギ		温
20 ミヤマクロ	5-8	ノリウツギ,ツルアジサイ	ミズナラ	温
21 ルリハナ	7-8	ノリウツギ,シシウド	ミズナラ	温
22 ミヤマルリ	4-7	カエデ		温
23 テツイロ	6-7	ミズキ,サワフタギ, ツルアジサイ		温上
24 ヘリウス	5-6	カエデ,サワフタギ		温下
25 アカ	7-9	ノリウツギ	エゾマツ,トドマツ ハンノキ,クヌギ	温

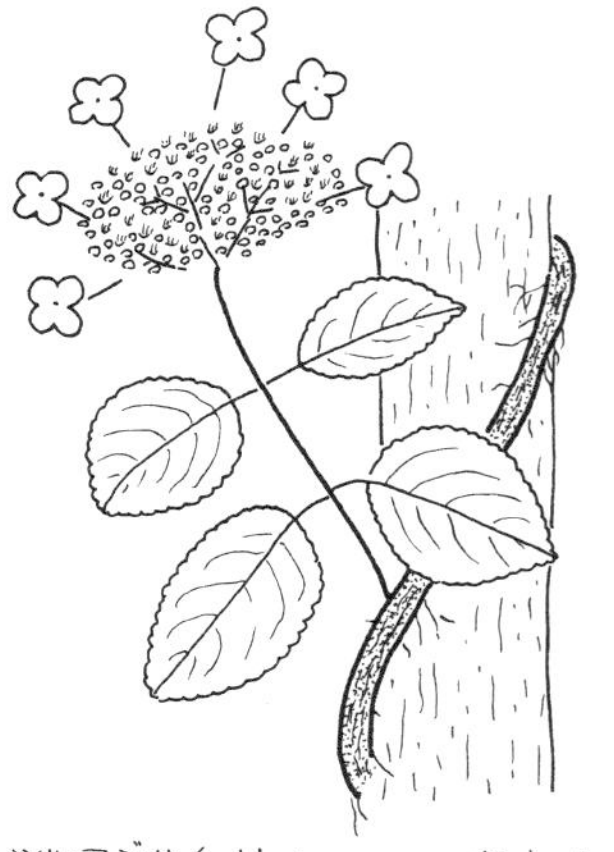

ツルアジサイ Hydrangea petiolaris

となる。そこでまた、中山『野山の昆虫』をひもといてみると、ノリウツギの花には三四種、シシウドの花には二一種の訪花性カミキリ（トラカミキリ類を含む）が記録されていた。これは、カエデの花に集まる種数を上まわる。

ノリウツギにいたっては、カエデの二倍も集まる。ただし、ノリウツギもシシウドも、真夏の花だから、訪れる昆虫の数が多くなるのは当然、といえる。

一方、カエデ類の花は、低山帯では、春四～五月に、ブナ帯では五～六月に咲くものが多い。だから、比較的寒冷で、昆虫も少ない季節に、これだけ訪花性カミキリを集めるのは、たいしたものだと、むしろ賞賛したくなる。

ハナカミキリって、なに？

ところで、ハナカミキリって、どんな性質の虫なのであろうか。それは、森の生態系のなかで、どんな意味をもって生きているのであろうか。

ハナカミキリは、一般のカミキリムシとおなじように、体は硬く、触角は長い。ただ、比較的小型で、色彩も地味なものが多い。体長は、ハナカミキリ類で一五～二〇ミリ、ヒメハナカミキリ類で一〇ミリていどである。

『原色日本甲虫図鑑Ⅳ』によると、ハナカミキリの仲間は、七つのグループに分けられる。

表2のなかで、上から三種（ケブトハナ、ハイイロハナ、ニセハイイロハナ）は、原始的な種で、花には集まらない。どうやら、成虫も幼虫も、針葉樹の枯れ木で生活しているらしい。おそらく、針葉樹が栄えた中生代に誕生した種類、と思われる。

新生代になると、広葉の草木があらわれる。植物は、花に蜜を準備し、虫を引きつける作戦に出る。ハナカミキリも、その作戦に乗って、花から栄養をとる。

進化したハナカミキリ群は、成虫はすべて花に集まる。しかし、幼虫は、針葉樹か広葉樹の、枯れ木の材部に寄生する。おそらく、原始的な種ほど寄生木は針葉樹で、進化するにしたがって、広葉樹にかえるものが増えてくるのだろう。

いずれにしても、ハナカミキリの仲間は、生態系のなかでは、基本的には、枯木分解者という位置にある、といえる。

ハナカミキリの生活は、最初は針葉樹に結びついていたから、生息地域も、針葉樹林帯からはじまったと思われる。現在でも、針葉樹林帯からブナ帯で生活しているものが圧倒的に多いのは、むかしの名残りを引きずっているのであろう。

ヒメハナカミキリの多種化　―氷河期の隔離作用―

そんななかで、ヒメハナカミキリ属（*Pidonia*）は特異なグループを形成している。日本には約四〇種が知られており、『原色日本甲虫図鑑

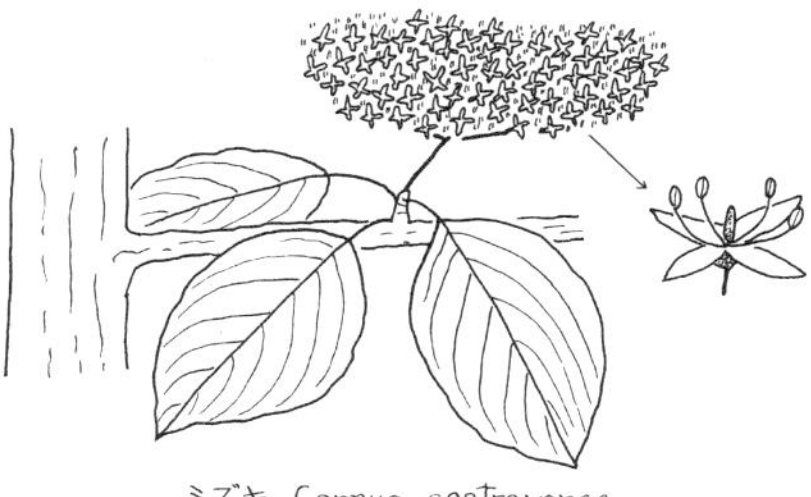

ミズキ *Cornus controversa*

Ⅳ』には、三〇種が写真で図示されている。いずれも、似たような形態で、地味な姿をした虫群である。図鑑から、種の分布域をしらべてみると、二つの特異性がみられた。ひとつは、地域的分布がすごく局所的、隔離的で、地域が異なれば、種も異なってくることである。たとえば、キュウシュウヒメハナ、トサヒメハナ、ニッコウヒメハナ、ミチノクヒメハナ、などのように。

もうひとつは、生息域の中心が高標高の山地帯にあることである。生息域の標高別種数をしらべてみると、針葉樹林帯〜高山帯で一一種、ブナ帯で一三種、低山帯で六種となっている。本州であれば、高標高の山地に分布していることがわかる。

K.W. Harde の『甲虫図鑑』をしらべてみると、ヨーロッパにはヒメハナカミキリ属は *Pidonia lurida* の一種しか存在しない。また、中国大陸にも、種数は多くないという。では、日本におけるヒメハナカミキリの多種化は、なにを意味するのだろうか。

ヒメハナカミキリは、種が異なるといっても、形態的によく似たものが多く、それらは近縁関係にある、と考えられる。それは、氷河期における南北移動過程で、一部の個体群が高い山にとり残され、隔離されて、別種に分化していったことを示している。

そうなった原因は、ヒメハナカミキリ類の飛翔力のよわいことと、生息域の中心が高標高の山地帯にあったことにある。ヒメハナカミキリの多種化は氷河期におこった、といってよいだろう。

氷河期が到来する以前は、ヒメハナカミキリ属も、そんなに多種ではなかったにちがいない。ヒメハナカミキリ属は、現在、六群にまとめられるというから、このグループをひとつの種として考えれば、種数はおそらく、六ていどということになる。氷河期以前のヒメハナカミキリ属の種数は、そんなに異常なものではなかったと思う。

氷河期以前の種分化（グループ分化）は、おそらく、いまから一〇〇〇万年まえ以前におきたのだろう。分化の原因は、一部のものが亜高山の針葉樹林からブナ帯へ、さらに低山帯の広葉樹林に降りて、訪花植物もカエデやミズキにかえたことにあると思う。

また、幼虫の餌木を、暖地系の広葉樹にかえたものもいる。成虫・幼虫の食餌植物の変更が、新しい種の誕生につながっていく。しかし、このような種の分化は、すべての食植昆虫についていえることで、ヒメハナカミキリにかぎったことではない。

ヒメハナカミキリの多種化の特徴は、氷河期における隔離作用にある、と結論できる。しかし、氷河期の影響は、ヨーロッパでも、中国でもあったはずだ。にもかかわらず、その地域では、ヒメハナカミキリの多種化はみられない。

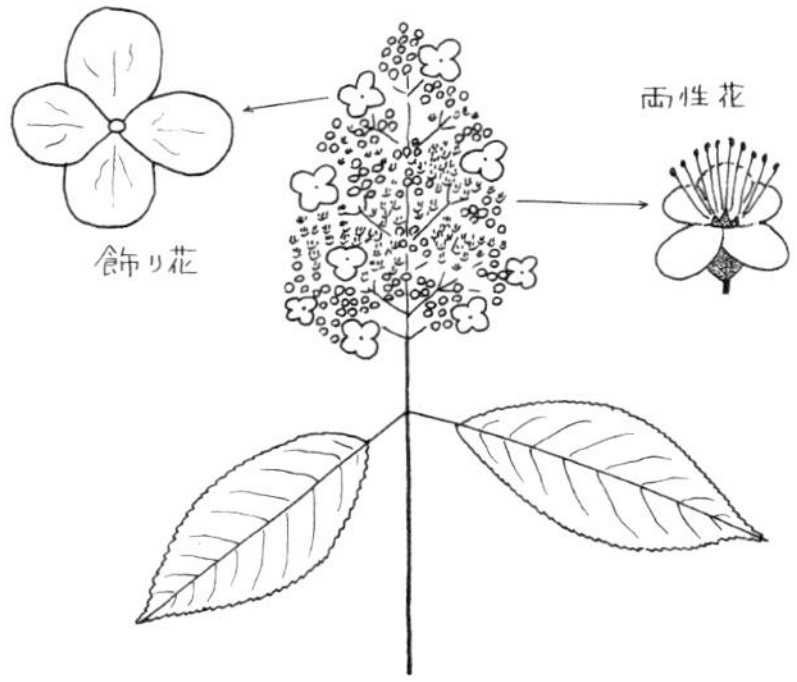

ノリウツギ Hydrangea paniculata

それは、日本ではヒメハナカミキリがうまく育っているのに、中国大陸やヨーロッパでは、うまく育っていないことに原因する、と思う。では、その原因はなんなのか。私は、ノリウツギという樹に注目してみた。

ヒメハナカミキリとノリウツギ

ハナカミキリ類にとって、もっとも重要な訪花植物であるノリウツギの存在は、ヒメハナカミキリの多種化におおいに関係があるのではないかと思う。そこで、ノリウツギが、ヒメハナカミキリにとって、どのような存在意味があるのか、考えてみた。

ノリウツギ（*Hydorangea paniculata*）は、日本では、里山から亜高山帯まで、広く分布している。花は白で、真夏に咲く。

私は東京で暮らしていたころ、夏になると、よく草津白根山にハイキングに行った。ケーブルで白根山山頂へのぼる。緑の斜面は点々と白い花で飾られている。ノリウツギの花である。かつてはこのあたり、アオモリトドマツの針葉樹林でおおわれていたが、明治の大噴火で焼けてしまった。そのあと、草原となり、やがてノリウツギとナナカマドが進出して、灌木林に回復しつつある、という状況にある。

七・八月の中部山岳の、ブナ帯から亜高山帯あたりで、白い花の灌木をみたらノリウツギとみてよい。それほど、圧倒的に多い夏の花木である。

前述したように、ヒメハナカミキリ類のふるさとは、ブナ帯から亜高山針葉樹林帯にかけてだろう。幼虫は、針葉樹（ゴヨウマツ、コメツガ、シラベ類、トウヒなど）の枯れ木を餌とし、成虫はノリウツギの花から栄養をいただく。マツ科針葉樹とノリウツギは、セットになって、ヒメハナカミキリ類とかかわってきたのだろうと思う。

ヒメハナカミキリ類は小型で、飛翔力はよわい。針葉樹林から羽化して出てきた新成虫は、花を求めて飛翔するが、林縁を生活の場としているノリウツギとは、接触しやすい。ところが、シシウドなどの花は、林縁から離れた草原に多いので、大型のハナカミキリの仲間ほどには、接触しにくい。ヒメハナカミキリにとっては、シシウドよりも、ノリウツギのほうが、たよりになる植物なのである。

『中国高等植物図鑑』をしらべてみると、ノリウツギは、福建、浙江、江西、安徽、湖南・湖北・広東・広西・貴州・雲南の各省に分布している。私は、ノリウツギは北方系と思っていたのだが、中国では、中・南部にあり、東北部にはない。また、朝鮮半島にもないらしい。

中国の北方系針葉樹林の分布域は、中国東北部と四川省を中心とする西部山岳地帯にある。しかし中国東北部にも四川省にも、ノリウツギ（あるいは近い親戚）が存在しない。つまり、中国では、北方系針葉樹とノリウツギがうまく結びついていないのである。

このことが、中国でヒメハナカミキリ類が育たなかった原因のひとつではないかと思う。ヨーロッパにもノリウツギのような樹はない。

日本では、北方系針葉樹とノリウツギは、うまく結びついている。本州ではブナ帯から亜高山帯にかけて、そして、北海道では低山のトドマツ帯が、両者の接触の場となる。このことが、ヒメハナカミキリの発展・多種化を促進した、というのが私の推理である。

ヨツスジハナカミキリの発展

話をハナカミキリ全般にもどそう。『原色日本甲虫図鑑Ⅳ』には、五〇属一四〇種が記載されている。日本では、ハナカミキリ全体としても、多様化の進んでいることがわかる。

ヨーロッパの『甲虫図鑑』をしらべてみると、二〇属が記載されていた。各属には、それぞれ二～三種が含まれているから、全体として五〇種ほど存在すると思われる。ヨーロッパでも、ヒメハナカミキリを除けば、ハナカミキリ類の多様化は、それなりに進んでいるようだ。

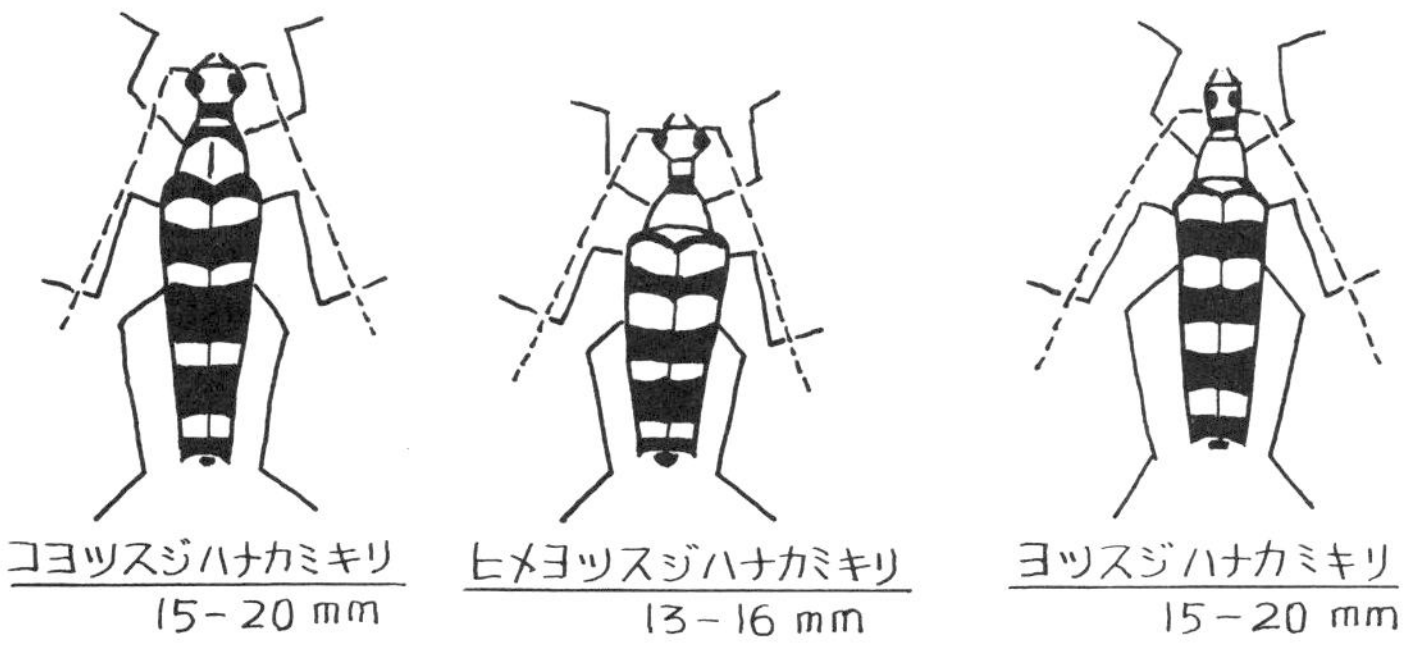

次に、ハナカミキリ類のすべての属のなかで、ヒメハナカミキリ属のように、一つの属のなかで多数の種をかかえる属が、ほかにも存在するかどうか、しらべてみた。

ヨツスジハナカミキリ属（*Leptura*）九種と、ホソハナカミキリ属（*Strangalia*）四種が、それに該当していた。ヨーロッパでも、ヨツスジハナ属七種、ホソハナ属八種で、日本とおなじ状況だった。多くの属のなかで、ヨツスジハナカミキリ属とホソハナカミキリ属の二属が、とくに大きく発展していることがわかる。

そのなかでも、ヨツスジハナカミキリという種の大発展がめだつ。分布は、北海道から沖縄までと、格段に広い。国外では、中国東北部からロシア・アムールまで広がっている。

標高でいえば、ブナ帯から低山の雑木林まで生息している。幼虫の餌木は、針葉樹でも広葉樹でもＯＫらしい。食性が広く、環境適応力も抜群にみえる。進化のすすんだ、バイタリティーのある種といえる。

ヨツスジハナカミキリ類の一族は、ユーラシア大陸を日本からヨーロッパまで、分布を拡大していく。この動きは、氷河期とは関係がない。分布が東西方向に伸びていることは、分布の性格が、ヒメハナカミキリ属の氷河期の影響を受けた隔離的分布、とは異なることを示している。

ヨツスジハナカミキリ一族は、みずから積極的に分布を広げていく。あらゆるニッチ（生息場所）にもぐりこみ、その環境に適応し、変化していく。そして一部は、もとの集団から隔離され、別の種に進化していくものも出てくる。

ヒメハナカミキリの分布を「とり残され型」隔離分布とすれば、ヨツスジハナカミキリのそれは、あらゆるニッチへの「もぐりこみ型」隔離分布なのである。進化した種の発展した姿である。

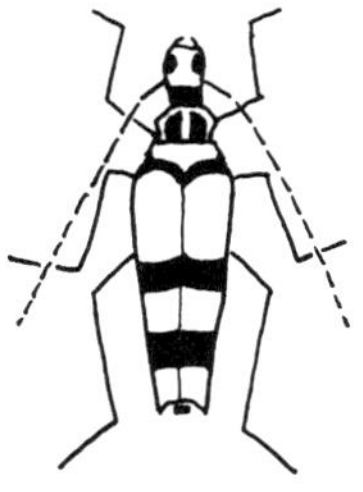

新大陸は古型植物のたまり場

古第三紀の樹木群

ノルウェーカエデが北アメリカ東部の落葉広葉樹林で暴れている。在来種のサトウカエデが駆逐されていく。日本のスイカズラが、アメリカのhoneysuckle《スイカズラ》を駆逐していく。

Sauerさんはいう。「アメリカの植物がよわいのは、古いタイプの生きものだからだ。日本やヨーロッパの植物は、進化した種が多く、つねに過激な競争にさらされており、よわいものは淘汰されてしまう。こんな、進化した植物がアメリカに入ってきたら、古型の植物はいちころだ。」

北アメリカ東北部の落葉広葉樹林の姿は、東北の落葉広葉樹林によく似ている。それは、もともとおなじ樹木群から分かれたもので、似ているのは当然、という考えがある。

いまから五〇〇〇万年ほどまえ、古第三紀と呼ばれる時代、地球はいまより温暖で、日本は亜熱帯にあり、ヤシやバショウが繁茂していた。そして、落葉広葉樹たちは北極周辺で生活していた。そのころすでに、現在みられる落葉広葉樹の属（ヤマナラシ、ハンノキ、カバノキ、ニレ、ナラ、ブナなど）は、ほぼ出そろっていた。この植物群は、古第三紀周北極植物群と呼ばれている。

オリエントプラタナス Platanus orientalis

アメリカプラタナス Platanus occidentalis

ところが、三〇〇〇万年まえごろを境に、地球は寒冷化してくる。そして、植物たちも南下しはじめる。北極周辺で生活していた植物群にとって、南下するコースは四つあった。①ヨーロッパコース、②東アジアコース、③アメリカ西コース、④アメリカ東コースである。

中部ヨーロッパとアメリカ東北部と、そして日本の東北地方の落葉広葉樹林の樹種構成が似ているのは、もとの根がおなじだからだ。ただ、アメリカ西海岸では落葉広葉樹林は発達しなかった。これは、気象条件や地質がかなり特異的で、針葉樹王国になってしまったからである。

もうひとつ、第五の南下コースも考えられる。プラタナス属（*Platanus*）は、北アメリカ東部と西アジアに分布している。プラタナスも周北極植物群のひとつである。それが現在、北アメリカ東部と西アジアに隔離的に分布しているということは、中央アジアから西アジアへ南下するコースの存在を暗示する。いまでこそ、中央アジアあたりは、高標高の山岳地帯と砂漠の国で、植物がとおる道とは思われないが、古第三紀のころは平地帯で、熱帯植物も繁茂していた、という記録がある。

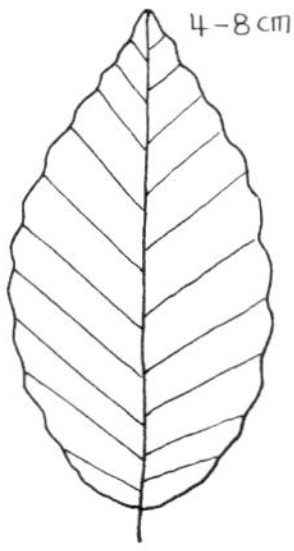

ブナ Fagus crenata
新型

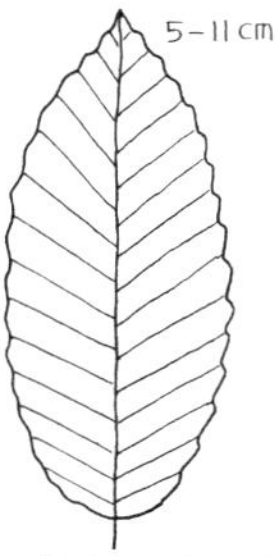

イヌブナ Fagus japonica
古型

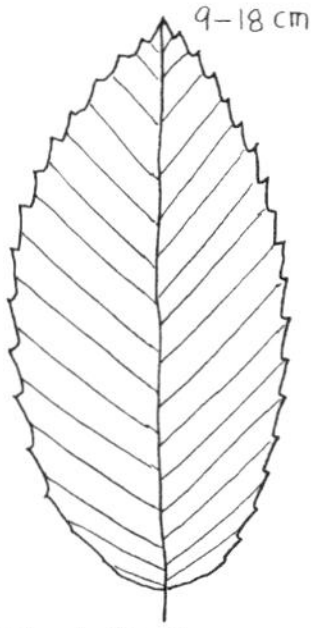

アメリカブナ Fagus grandifolia
古型

北アメリカ東北部と日本の東北地方の落葉広葉樹林は似ているが、異なるところもある。たとえば、ブナ属でいえば、日本には古型のブナ（イヌブナ）も進化型のブナも、両方とも存在するのに、北アメリカには古型のブナ（アメリカブナ）しかない。

トネリコ（***Fraxinus***）属は、古型のトネリコ群、ヤチダモ群と、進化型のアオダモ群に分けられる。トネリコもヤチダモも、風媒花で、花には花弁がなく蜜も出さないが、アオダモは、虫媒花で、花には花弁があり、芳香を出す。だから、この仲間は**flowering ash**（花トネリコ）と呼ばれている。

日本のトネリコ属樹種には、三つのタイプともそろっているのに、北アメリカには花トネリコは存在しない。

また、カエデ属についてみても、北アメリカの落葉広葉樹林で勢力を張っているのは、サトウカエデとかアメリカハナノキなど、原始的なカエデたちである。

北アメリカに存在して日本にない植物もある。北アメリカの落葉広葉樹林の樹種構成をしらべてみると、フウ（***Liquidambar***）、ユリノキ（***Liriodendron***）、ヒッコリー（***Carya***）などが重要樹種として活躍している。これらの植物は、日本の古第三紀の地層からも出てくる。古型の植物である。しかし、日本には現存しない。滅びてしまったのだ。

針葉樹林のキクイムシも古型

北アメリカでは古型の植物が活躍している。では、その植物に依存して生きている昆虫たちは、どうだろうか。森林保護学（私の専攻分野）を学ぶものにとって興味あるのは、針葉樹林の殺し屋・キクイムシの仲間である。

私は、若かりしころ、北海道で森林昆虫の研究をしていた。北海道の森林害虫は、ヨーロッパとの共通種が多かった。だから、ヨーロッパの文献はひじょうに参考になった。ところが、北アメリカの森林昆虫は、北海道との共通種がほとんどなく、親しみがもてなかった。たまに、論文などで、なつかしい昆虫名を発見することがあるが、それらはたいてい、ヨーロッパからの侵入昆虫だった。

針葉樹のキクイムシについても、同じことがいえる。北海道では、マツ属であればマツノキクイやマツノコキクイ、トウヒ属であればヤツバキクイ、カラマツ属であればカラマツヤツバキクイなどが寄生する。

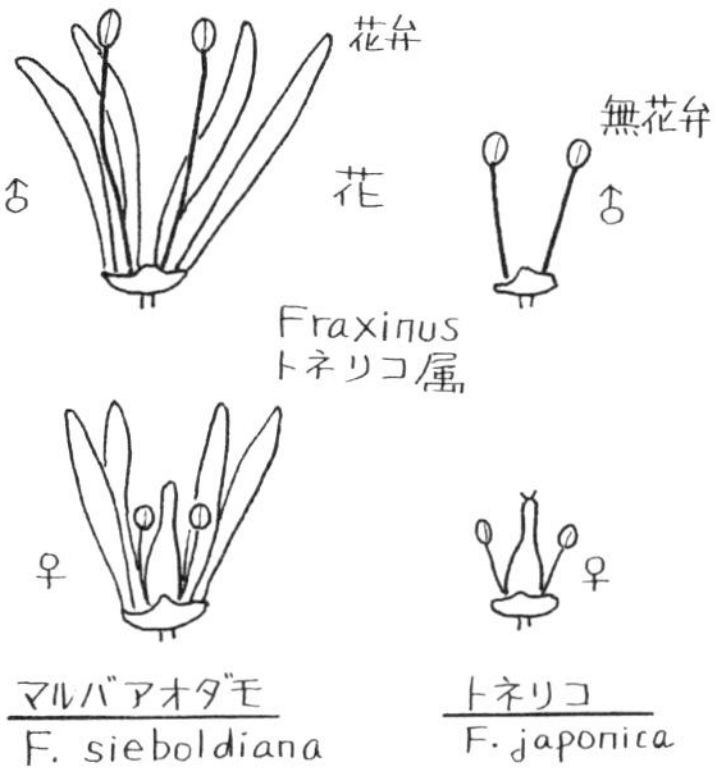

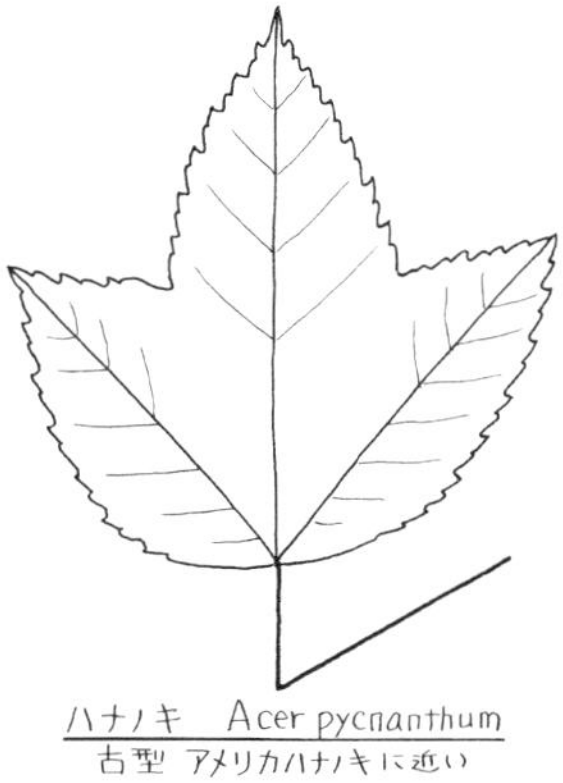

これらの種は、すべてヨーロッパにも分布し、同じように重要害虫にされている。

ところが、北アメリカでは、マツ属も、トウヒ属も、重要キクイムシといえば、デンドロクトヌス属（*Dendroctonus*）という大型のキクイムシたちである。ダグラストガサワラにはトガサワラオオキクイという凶悪な穿孔虫がいるが、これもデンドロクトヌス属の仲間である。アメリカには多種類のデンドロクトヌスがいて、針葉樹林をおびやかしているのに、ヨーロッパや日本（北海道）には、わずか一種（*Dendroctonus micans*）が生息しているにすぎない。しかもそれは、害虫というより、むしろ希少昆虫で、採集したくてもなかなか手に入らない虫なのである。

北アメリカでは、デンドロクトヌスが針葉樹林の主役になっている。じつは、デンドロクトヌスも、キクイムシ類のなかでは、原始的なグループの虫なのである。北アメリカは、樹木だけでなく、昆虫も原始的な種が勢力を張っているのだ。

デンドロクトヌスは、立木にアタックするとき、まずメスが穿孔を試みる。樹皮内の坑道づくりに成功すれば、あとからオスがやってきて、交尾したのち、メスは樹皮下の坑道に産卵する。

しかし、健康な針葉樹は、キクイムシに穿孔されると、樹脂を出して抵抗する。樹脂分泌力がつよければ、キクイムシは負ける。木がなんらかの原因で衰弱しておれば、樹脂を出す力が衰えて、キクイムシが勝つ。キクイムシの穿入が成功するかどうかは、木の抵抗力とキクムシの寄生力の、微妙な闘争にかかっている。だから、キクイムシが負けて死亡するケースも多い。デンドロクトヌスの穿孔開始はメスが担当しているから、メスの死亡率はオスよりはるかに高い。

なぜ、デンドロクトヌスは、こんな危険な作業をメスに課しているのだろうか。じつはキクイムシは、

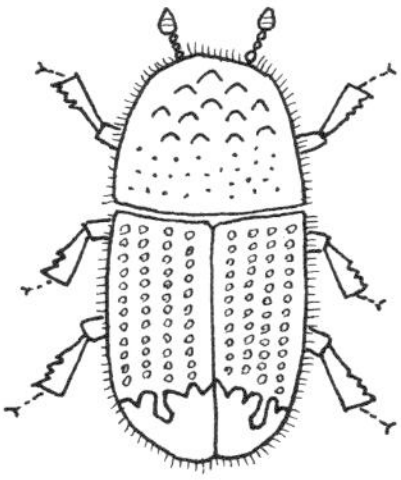

ヤツバキクイ *Ips typographus*
4－5 mm

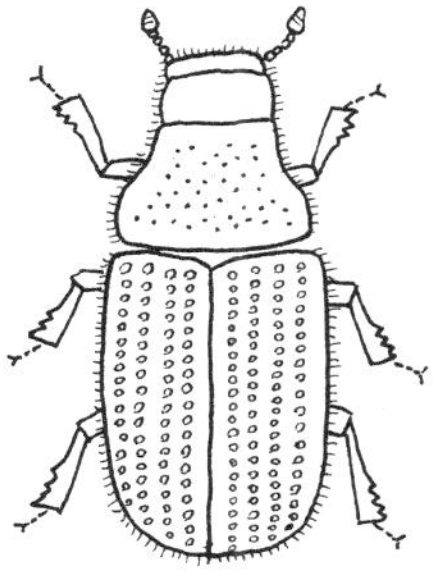

トウヒノオオキクイ *Dendroctonus micans*
7－9 mm

穿孔性のゾウムシから進化した虫なのである。ゾウムシは木に寄生する場合、メス親が樹体内に穿孔することはない。樹皮に小さな穴をあけて、外から産卵するだけである。樹皮内にもぐるのは、孵化した幼虫である。木との戦いは幼虫の仕事で、したがって、幼虫の消耗は激しい。メス親は産卵するだけだから、とくに消耗が大きいわけではない。

キクイムシは、ゾウムシとちがって、親自身が樹皮内にもぐる。これは、卵や幼虫を、より安全に樹体内に送りこむ作戦で、木との戦争は親が引きうけたのだ。

子供たちを、より安全にまもる。これが進化の原動力となる。しかし、そのために、メス親の消耗が激しくなる。これは、種族の発展には好ましくない。そこでヤツバキクイ属（*Ips*）など進化したキクイムシ群は、立木への穿孔はオス親が担当する。メスは危険にさらさない、というのが、生物社会の鉄則なのである。そして、種族の繁栄にプラスになる、ということが、進化の原動力のひとつになる。

ヨーロッパや日本では、イプス属キクイムシが針葉樹林の主役をつとめているが、北アメリカでは、原始的なデンドロクトヌス属キクイムシが主役をつとめている。イプス属のキクイムシも存在するのだが、いまのところ、デンドロクトヌスは主役の座をあけわたしてはいない。おそらく、アメリカのイプス属キクイムシは、まだ立木の抵抗力を克服する力を身につけていないのではないか、と思う。

古型の生物は、進化型の生物に負けて滅びることもある。しかし、古型の生物は、進化型生物に負けない長所をもっている。それは、わるい環境に耐える力がすぐれている点である。デンドロクトヌスは、針葉樹が出す樹脂にも、よく耐える力がある。だから、かなり健康と思われる木でも、穿孔・寄生に成功し、結局、木を枯らしてしまう。林業家からみれば、おそろしい敵となる。古型生物といって、あなどることはできない。

北アメリカでは、しばしば山火事が発生する。それは、山が乾燥していることによる。乾燥が激しくなれば、針葉樹は水分欠乏から衰弱する。そして、キクイムシの大発生をまねく。キクイムシ被害は、山火事とおなじほど、北アメリカでは、大きな問題なのである。湿性風土の日本では、考えにくいことである。

新型種の誕生ぞくぞく　ーアジア大陸ー

たしかに、北アメリカは古型植物のたまり場のようにみえる。どうも、北アメリカでは、進化した植物が誕生してこないようだ。西海岸の森では、ダグラストガサワラのような古い樹木たちが、針葉樹王国を築いている。東海岸でも南部は、マツ属中心の針葉樹の世界である。

生きものは、生存の危機にさらされると、形態と機能を変化させ、危機を乗り越えていく。それが、新しい種の誕生につながっていく。北アメリカで、植物の新しい種があまり誕生してこなかったのは、北アメリカの環境が、生きものの生存をおびやかすような、ドラスティクな変動をしてこなかったことに原因する、と思う。

一方、アジア大陸では、新しい種がぞくぞく誕生してくる。それはヒマラヤ造山活動と関係がある。中国西部（四川・雲南・チベットなど）から、中央アジア、ヒマラヤにかけては、高標高の山岳高原地帯がつづく。これは三〇〇〇万年まえごろからはじまったヒマラヤ造山活動（基本的にはインドプレートがアジア大陸に押し込んでくることによる）に原因する。そしてこの造山活動は、二〇〇〇万年まえごろピークに達する。

ヒマラヤ造山活動は、アジアの地形を高標高化し、複雑・多様化する。この環境激変が多くの新しい種の誕生につながっていく。この時代に誕生した種は、現在からみれば古いタイプの種群である。（二〇〇〇万年まえといえば、日本は激しい火山活動にみまわれ、地殻が割れて海や湖が生じている。緑色凝灰岩が形成されるので、グリーンタフ造山活動と呼ばれている。）

さらに、いまから一〇〇〇万年から七〇〇〇万年まえの一時期、アジア大陸の造山活動はいっそう活発化する。山岳地帯もいちだんと高標高化し、山は森林限界を越えて伸び上がっていく。また寒冷化も進行し、高山のいたるところに草原が発達してくる。そしてそのころから、急に、新型の種がぞくぞく誕生してくる。進化型のブナも、そのころ誕生したらしい。（そのころ、日本列島は隆起活動がつよまり、日本海をとり囲むように、細長い列島が海上に姿を現わす。）

このように、ヒマラヤ造山活動が引きがねとなって、アジア大陸では、環境の多様化がすすみ、その結果、新しい生物種も、ぞくぞく誕生してくる。そして、古いタイプの生きものは、生存競争が激しくなって、生き残るのに苦労している。滅亡してしまった種も少なくない。

しかし日本列島は、一〇〇〇万年まえ、南端が大陸と切り離されることによって、多くの古型植物が生き残り、繁栄している例も多い。日本の特異性はここにある。

キツツキのいない国のカラス

道具を使うカラス

なにげなく、テレビのスイッチをひねった。「生きもの地球紀行」（NHK総合、平成十二年三月十三日）が放映されていた。カラスが枯れ木のなかから、カミキリムシの幼虫を釣り上げる話をしていた。場所はニューカレドニア島。カラスも道具を使うというのが、話のポイントであった。

ヒトは、道具を使う生きものである。ヒト以外に、道具を使う生きものはいない。ただひとつの例外は類人猿のチンパンジー。しかし、チンパンジーも、ときに道具を使うことはあるが、日常的に使っているわけではない。そんな状況のなかで、カラスが道具を使っている。それも、餌をとるという、かなり日常的な行為のなかで、である。

カラスがカミキリの幼虫を釣り上げる方法は、次のようなものであった。細長い、竹の枝先のようなものを嘴《くちばし》にくわえ、その先端を、カミキリムシのいる孔につっこむ。カミキリの幼虫が、その枝先に噛みついた瞬間、枝先をひっぱり上げ、カミキリを釣り上げるのである。

このカラスの行動を観察した研究者は、カラスにも道具を使う文化のあることを強調していた。映像はそれで終わっていた。私は、この映像におおいに興味を感じたが、それは、カラスが道具を使う、という行為そのものではなく、そのような行為をするにいたった背景である。それはなんだろうか。これについては、研究者は、なにも言及していなかった。

　このカミキリムシは、大型のウスバカミキリの一種らしい。ウスバカミキリは、針葉樹でも広葉樹でも、枯れの進んだ木で、よく繁殖する。材部が腐朽していて、空洞が大きいから、幼虫を釣り出しやすいのである。

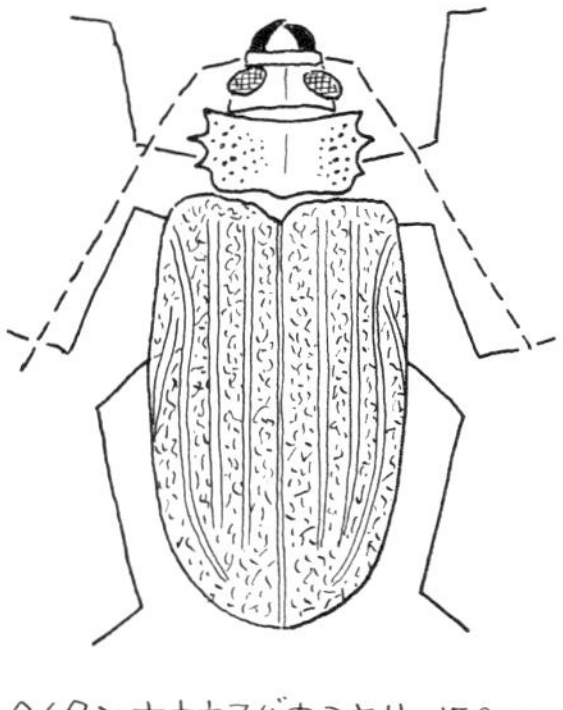

タイタンオオウスバカミキリ　150mm
アマゾン産　幼虫は原住民の食料
学研『世界の甲虫』より

　このカミキリの幼虫は、原住民の日常的な食料になっているらしい。かれらは、枯れ木を玉切って薪にし、斧で薪を割って、カミキリの幼虫をとり出して、食料にしている。その様子は、映像に写し出されていた。

　カミキリの幼虫を食料にすることは、ファーブルの『昆虫記』にも出てくる。また私は、秋田県の女性から聞いたことがある。むかし、薪ストーブを使っていたころ、薪割りして、カミキリの幼虫が出てきたら、それをストーブの上で、こんがり焼いて、醤油につけて食べる、という話であった。

　だから、材中のカミキリムシを食べるというのは、ごくふつうの話である。それだけでは、カラスがカミキリの幼虫を釣り出すことには、結びつかない。ほかに、もっとなにか、つよいインパクトがカラスに与えられていたのだろう。それは、なにか。

考えてみると、われわれがカミキリの幼虫を食べる、というのは、たまのできごとで、日常的にやっていることではない。しかしニューカレドニア島では、カミキリの幼虫とりが、日常的に行なわれているようだ。だから、カラスは、そのようなヒトの行動を、日常的に観察していたにちがいない。ヒトがなにか、おいしそうなものを食べている。カラスはそれが欲しくなる。そして、ヒトが食べ残したカミキリの幼虫を、そっと横取りする。食べてみると、おいしい！

はじめのうちは、横取り専門だったが、それで満足できなくなって、枯れ木のなかから、カミキリの幼虫を直接ねらうようになる。では、カラスは、どうして、釣り道具を使うようになったのか。

文化は、まねることによって、獲得される。カラスが、いきなり、釣り道具を使うことはあり得ない。おそらく、原住民の子供たちが、長細い竹の小枝を使って、枯れ木のなかから、カミキリの幼虫を釣り出すことを、遊びとして、やっていたのだろう。

カラスは、おいしいそうなカミキリの幼虫が釣り上げられるのをみていて、それをまねるようになった。私なら、こう考えて、子供たちの行動とカラスの行動を追跡観察し、映像としてとらえていくだろう。

しかし、物語はこれだけでは終わらない。私は、この話を聞きながら、ひとつの疑問を感じていた。それは、原住民が、カミキリの幼虫を、日常的な食料として利用している、という事実である。これは、ふつうではない。なぜなら、枯れ木のなかにいるカミキリの幼虫は、通常はキツツキの大切な食料であって、それほど簡単には、人間の口にまわってこないからだ。人間がカミキリの幼虫を食べるのは、ときたまのできごとなのだ。

キツツキの不在証明　―ゴンドワナ大陸―

そこで、ニューカレドニア島には、キツツキが生息しているのか、いないのか。いるとすれば、どんなキツツキなのか、しらべてみた。ところで、ニューカレドニア島って、どこにあるの？
最初はなんとなく、北アメリカ南部か、カリブ海あたりか、と思っていたのだが、みあたらない。世界地図を探しまわって、やっとみつけた。オーストラリアの東、メラネシア群島のいちばん南の島であった。ここはいまでも、フランスの統治下にあるらしい。そして、この島のカラスを研究していた人もフランス人らしい。

では、この島にどんなキツツキが生息しているのだろうか。世界のキツツキを解説した本『Woodpeckers』をしらべてみた。おどろいたことに、世界で、キツツキが生息しない地域が五個所あった。①アイルランドから、アイスランド、グリーンランド、カナダの北極に近い島々にかけて、②マダガスカル島、③ニューギニアからオーストラリア・ニュージーランドにかけて、④大海のなかの小島、⑤サハラ砂漠である。

なんと、ニューカレドニア島は、キツツキのいない島だった。キツツキがいないから、カミキリムシが多い。原住民の日常的な食料になる。子供の釣り遊びの対象になる。カラスがそれをまねする。道具を使う、というカラスの文化は、キツツキが生息していたら、発生することはなかっただろう。

ではどうして、ニューカレドニア島には、キツツキが生息しないのだろうか。これは、オーストラリアに真正哺乳動物がいないのと、おなじ理由による。それはゴンドワナ大陸の存在説に関係してくる。上述のキツツキの生息しない地域の分布は、中生代から新生代古第三紀の初期に存在していたという、ゴンドワナ大陸におどろくほどよく一致している。

　ゴンドワナ大陸とは、南アメリカ南部、アフリカ南部、マダガスカル島、インド半島（かつてはアフリカの一部）、ニューギニアからオーストラリア・ニュージーランド、南極、などがひとつになっていた、と想定される大陸である。この地域だけに共通して、特異的な古生物（有袋類とその寄生虫、古型シダ状植物、特異なミミズの仲間、などなど）の存在することが、この大陸の存在をつよく肯定している。

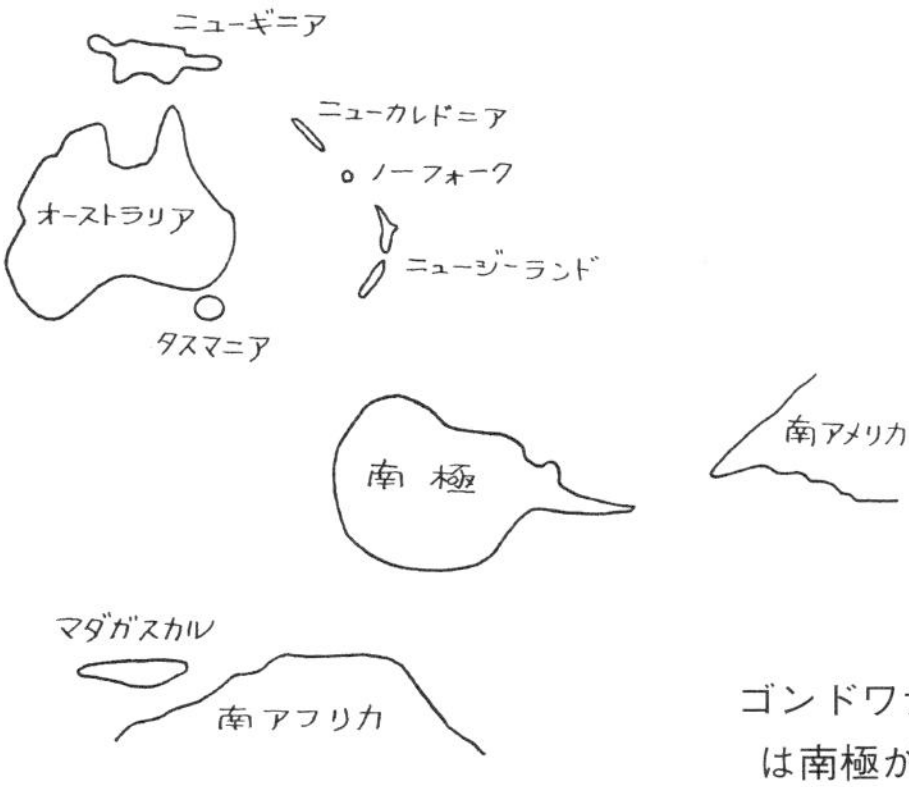

ゴンドワナ大陸は南極が中心

　この大陸は、やがて分離し、大陸移動して、それぞれが現在の位置に落ちつくのだが、オーストラリア大陸が分離したとき、その大陸に乗っかって、いっしょにやってきたのは、原始的な哺乳動物（有袋類）だけだった、というわけである。おそらく、キツツキの仲間も、進化した哺乳動物とおなじく、オーストラリア大陸が移動しはじめたときには存在せず、その大陸に乗ることはなかったのである。

　ただ、鳥類には飛翔力があり、大陸移動が終わったあとでも、世界をまたにかけて、みずから移動していく。そんななかで、キツツキ類はあまり移動しない。それは、森のなかには、一年中、キツツキの餌（カミキリの幼虫）が存在するからだ。

自然の森では、若い木から年寄りの木まで、そろっている。老木は、やがて死んで枯れ木となる。枯れ木ができると、カミキリムシが発生する。カミキリは、成熟するのに、ふつう、二、三年かかる。冬でも、枯れ木のなかには、カミキリの幼虫がいて、キツツキは、一年中、餌に困ることはない。だから、キツツキは、森のなかで、一年中、おなじ場所で生活していける。オーストラリア大陸にまで飛んでいくキツツキは、いないのである。

マダガスカル島にキツツキが生息しないのは、ふしぎな気がするが、これもオーストラリアとおなじ理由だと思えば、納得できる。

ゴンドワナ大陸の一部だった南アメリカに、現在キツツキが存在するのは、キツツキが誕生して以後、南アメリカと北アメリカが陸つづきとなり、キツツキがぞくぞく南下してきたからである。アフリカ大陸南部にキツツキが存在するのも、おなじ理由による。

ニューカレドニア島のキツツキ不在証明を考えていたら、はからずも、ゴンドワナ大陸の存在説をつよく支持する、という結論に導かれてしまった。

ガラパゴス島のキツツキフィンチ

のちになって、ガラパゴス島にキツツキフィンチという鳥がいて、やはり道具を使って、木の穴のなかから虫をつつき出し、餌にしている、という話を聞いた。前述のＮＨＫ「生きもの地球紀行」で、鳥が道具を使う一例として触れていたという。

私は、この番組の前段の部分はみていなかったので、キツツキフィンチについての映像内容が、どんなものであったのか、知らない。ともかく、手もとにある伊藤秀三『新版ガラパゴス諸島』をひもといてみた。

その本によると、ガラパゴス島のダーウィンフィンチは、現在では、嘴の形や体形のちがう一三の種が存在しており、植物の種子を食べるもの、葉や芽を食べるもの、昆虫を食べるもの、など五群にわけられるという。

ダーウィンフィンチは、ただ一種のフィンチ（ウソの仲間）が、小鳥のいないガラパゴス諸島に侵入して、餌の種類やすみ場所のちがいに適応し、一三もの多種に分化（進化）していったのである。このような現象は、生態学では、適応放散と呼ばれている。

そして、ダーウィンフィンチのなかに、木の孔のなかにいる虫をサボテンの刺を使ってつつき出す、キツツキフィンチという種が存在する、というのだ。伊藤さんは、それはある種の「知能」さえ感じさせる行動だった、と書いている。

ニューカレドニア島のカラスの虫釣り行動は、ヒトのまねからはじまった、と私は考えている。では、ガラパゴス島のキツツキフィンチの行動は、どう解釈すべきだろうか。ダーウィンがこの島でダーウィンフィンチをしらべたとき、この島にはヒトは住んでいなかったという。

私は、ニューカレドニア島の、道具を使うカラスについて論評したてまえ、ガラパゴス島のキツツキフィンチの行動についても、論評しなければならないハメになってしまった。専門家に笑われても、仕方ない。考えてみよう。

ダーウィンフィンチは、植物の種子を食べるものは嘴が太く、樹皮の割れ目から虫をとり出すものは嘴が細長くなっている。

つまり、動物の進化は、自分の体（一部または全体）を道具化する方向にすすんでいく。体を道具化させず、なにかを道具として使う方向に進化していくものは存在しない。唯一の例外はヒトである。

キツツキフィンチは、樹皮のあいだにひそんでいる虫をとるムシクイフィンチから、発展したのだろう。樹皮の深い割れ目や孔のなかには、まだ虫がいるらしい。しかし、ムシクイフィンチの嘴ではとどかない。

キツツキフィンチは、シギのように、嘴を長くしたかったのではないだろうか。しかし、いったん、ウソという方向に進化してきた鳥にとって、嘴をより長くすることは、肉体構造上、できなかったのではないか、と思う。

また、キツツキフィンチが、キツツキのような体形にならなかったのは、フィンチがねらっている虫が、木の孔の虫だとしても、それは、材中にいるカミキリのような虫ではなかったからだろう。

ともかく、木の洞の中にいる虫がほしい。しかし、嘴はとどかない。嘴を長くすることもできない。ガラパゴスは、食餌（昆虫など）の貧困な島だ。孔のなかの虫をとりそこねては、一族の滅亡につながる。

そんな状況のなかで、キツツキフィンチは、試行錯誤のはて、道具を使うという方法を発見した。そして、サボテンの刺が、キツツキフィンチの嘴の先端になった。しかしそれは、道具というより、体の一部になった、というものだろう。

キツツキフィンチには、道具を使う文化がある。はたして、そういえるだろうか。道具を使うこと（つまり技術）に文化があるとすれば、それは技術発展の可能性があるからだ。キツツキフィンチの場合、サボテンの刺は、嘴の先端になっただけで、それ以上の技術進歩はありえない。それは、文化とはいいがたい。

キツツキフインチがあらわれたのは、ムシクイフィンチへの進化の、その延長線上にある、と私はみている。そしてもちろん、ガラパゴス島の場合も、キツツキが存在しない島だった。これは、ニューカレドニア島の場合とおなじである。

ただ、カラスの場合、木の孔のなかにいるカミキリムシをとる方向に進化してきた鳥ではない。だから、ニューカレドニア島のカラスの、カミキリ釣りの行動は、ヒトの行動に近い。これは、一種の遊びである。キツツキフィンチの虫出し行動とは、かなり性格が異なる、と思う。

バンブーキツツキからノグチゲラへ

バンブーキツツキ

ダーラ（雲南省打洛）の熱帯雨林の奥深く、バンブーの森があった。バンブーは、山すその、やや平坦なところに、群落をつくっていた。日本のモウソウチクの林より、堂々とした雰囲気があった。バンブーの森は、連続植生にはならず、パッチ状に広がっていた。私はしばし、バンブーの森のなかにたたずんで、バンブーキツツキの鳴き声かドラミングが聞こえないか、耳をすましていた。ここは、中国雲南とミャンマーとの国境、バンブーキツツキの分布の東端に位置するあたりである。

●注：原稿作成の段階で、ダーラ熱帯雨林のなかのバンブー群落の写真をしらべていたら、一本のバンブーに、キツツキの採餌穴らしい穴があるのを発見した（87ページ図）。写真を撮っていたときは気づかなかったものだ。偶然のことで、おどろいている。

雲南へ出発するまえの一ケ月、私は、雲南での自然観察の資料として、五〜六月にみられるであろう樹の花と、蝶と、キツツキの絵描きに没頭していた。キツツキは、私自身の興味からだった。世界のキツツキを解説した本『Woodpeckers』を読んでいて、東南アジアにバンブーキツツキと呼ばれているキツツキの存在することを知った。

解説によるとバンブーキツツキ（*Gecinulus viridis*）は、広大なバンブーの群落を含んだ、常緑・落葉広葉樹林に生息するという。大きさは二五〜二六センチというから、アカゲラより大きく、オオアカゲラより小さい。体の色彩は暗いオリーブ色で、すこし地味だが、頭頂に派手な赤斑がある。

巣穴は、バンブーの幹の、節の上部に穴をあけてつくる。節が巣穴の底となる。穴の深さは約二五センチ。餌は、バンブーの穴に巣をつくるアリ類、あるいは甲虫の幼虫、とある。日本でも、枯れた竹の材部には、さまざまな甲虫（タケナガシンクイ類）が穿孔することが知られている。おそらく熱帯のバンブー林には、多種類の穿孔虫が存在するのだろう。そして、これらの幼虫も、バンブーキツツキの餌になるのだろう。

ダーラの熱帯雨林のなかのバンブー群落

バンブーは、もともと中が空洞の樹木？だから、バンブーキツツキは、もう、巣穴を掘る必要はない。バンブーキツツキの生態を知って、これがキツツキの巣穴生活のはじまりではないか、と思った。

バンブーキツツキは、ミャンマー東南部・雲南・タイ北西部の国境地帯と、マレー半島の一部に分布する。だから、ミャンマーと国境を接するダーラの熱帯雨林にいても、ふしぎでない。音声は、短い、単発の声のほか、キィー、キィー、キ

ィー、キィーという、大きな連続音を出すという。鳴けば、きっとわかるだろう。しかし、それらしき声は聞こえなかった。このキツツキは、どうやら、個体数の少ない、絶滅危惧種らしい。

バンブーキツツキに似て、もう一種、バンブーの森に好んで出現するキツツキがいる。バンブーキツツキと同属の *Gecinulus grantia* という種である。背面に赤模様がめだつが、頭部の赤はひかえめである。

このキツツキは、バンブーのまじる常緑・落葉広葉樹林にすみ、バンブーの幹からも採餌する。しかし、バンブーキツツキと異なる点は、巣穴を、バンブーではなく、広葉樹の枯れ木か、朽ち木の幹につくるという。まさに、バンブーキツツキから一般のキツツキへ移行中、といえる状態にある。私は、この鳥にバンブーキツツキモドキという仮名を与えることにした。

バンブーキツツキモドキの分布は、バンブーキツツキとすみわけるかのように、アッサムから中国南部をへて、ラオス、ベトナムにいたるという。

私が、この二種のバンブーキツツキに興味を引かれたのは、これらが、通常型キツツキ群（木の幹に縦に停止し、巣穴を掘るという生活型をもつ仲間）のなかでは、もっとも原始的な種らしいこと、そして沖縄ヤンバルの森にすむノグチゲラの、先祖に近いと考えられる種であること、による。

ノグチゲラの来た道

そこで、眼を転じて、沖縄のノグチゲラの存在について考えてみたい。学名は *Sapheopipo noguchii* という。バンブーキツツキとは別属で、つまり一属一種で、沖縄本島にしかいないという、たいへん貴重なキツツキである。英名を Okinawa woodpecker（オキナワキツツキ）というのは、沖縄という島の存在意義を高く評価した鳥名といえる。

体は暗赤褐色、雄は頭頂から後頭にかけて派手な赤斑をもつ。私はまだみたことはないが、体長はアオゲラよりひとまわり大きい、というから、森のなかを飛翔しておれば、よくめだつかもしれない。

沖縄本島北部、ヤンバルのシイノキの原生林にすみ、シイノキなどの朽ち木から採餌（主としてカミキリの幼虫）する。ときには、竹林から採餌することもあるらしい。バンブーキツツキの性質の名残りだろう。

ノグチゲラの先祖は、おそらく、バンブーキツツキに近い種であったと思う。先祖ノグチゲラは、中国大陸の南東部を、竹・シイノキの森づたいに北上して、分布を広げていく。そして一部は、台湾から沖縄に入る。大きな竹のない沖縄では、竹から離れて、シイノキの森に生活拠点を築いた。やがて、琉球列島は大陸から分離し、キツツキも隔離状態となって特殊化し、沖縄特産のノグチゲラが誕生した、と私は考

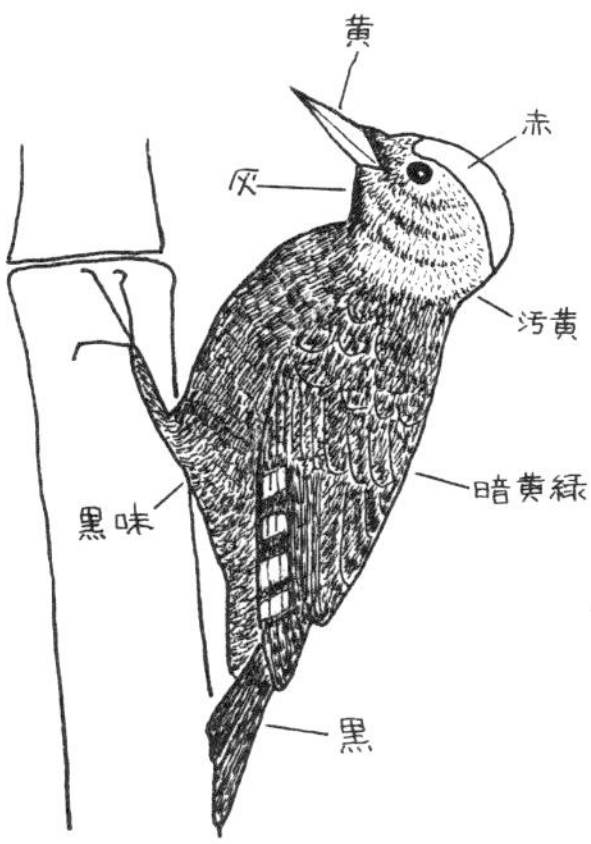

バンブーキツツキ *Gecinulus viridis*
25–26 cm

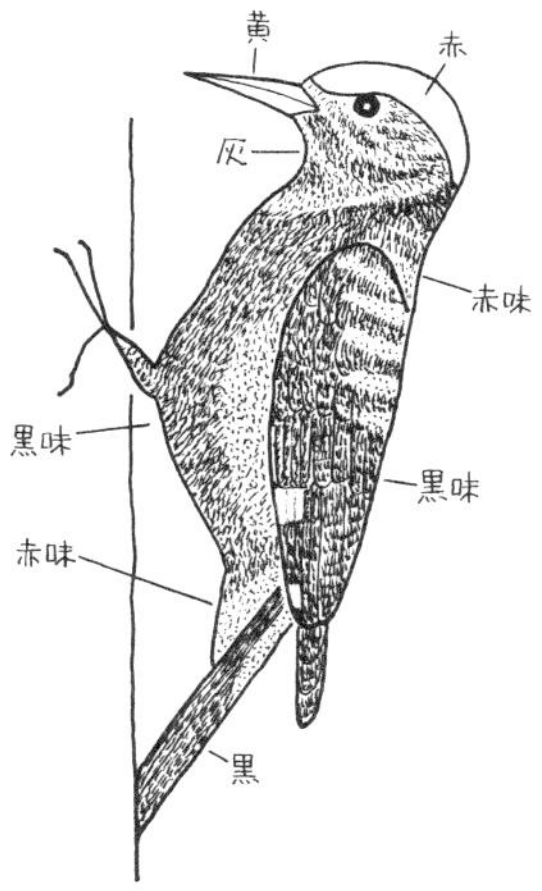

ノグチゲラ *Sapheopipo noguchii*
31–35 cm

えている。

一方、中国大陸では、その後、進化したキツツキ群（ヤマゲラ、アカゲラなど）が出現し、先祖ノグチゲラは中国大陸から駆逐されてしまったのだと思う。しかし、沖縄のノグチゲラは生き残った。それはおそらく、アカゲラ、ヤマゲラが中国大陸の東南部に現われたころは、沖縄は大陸から切り離されていて、進化したキツツキ類は沖縄の海を渡ることができなかったからだろう。そのころ、大陸と陸つづきだった台湾には、現在、ヤマゲラとオオアカゲラが生息している。

ノグチゲラは、沖縄ヤンバルのシイノキの原生林のなかで生き残った。シイノキは、老木になると幹に腐朽が生じ、洞ができやすい。洞は、さまざまな虫たちの集合場所にもなる。それがノグチゲラの餌になる。腐りやすい幹は、巣穴を掘りやすい。シイノキの森は、ノグチゲラにとってはすみやすい森だった。

沖縄のシイノキ自体、かなり古いタイプの樹である。古い樹に古いキツツキ。これは、沖縄の生きものの象徴でもある。

先祖ノグチゲラが、いつ、沖縄に渡ってきたのか、見当もつかないが、カシ類・シイノキ類・竹類が中国大陸を支配していた古い時代、つまり古第三紀の後半あたりではなかったか、と空想する。

現在、沖縄の開発は急ピッチですすんでいるという。ヤンバルのシイノキの原生林は、ノグチゲラの聖域として、十分な面積を保存してもらいたいと、ひたすら念願する。その聖域を、ノグチゲラがすみやすい森に手入れすることは賛成するが、ノグチゲラ観察ツアーのような、観光材料にするなんてことは、考えないでほしい。一般の人は、野鳥マニアも、だれも聖域に入れるな！

ユーカリのなぞ

ユーカリ葉の二型性

私の講座（NHK文化センター仙台教室）には、年配の女性が多い。だから、雲南旅行を計画したとき、熱帯植物園での勉強と、熱帯雨林のトレッキングに、軽い観光とショッピングを組み入れた。

昆明から石林へは高速道路をゆく。距離にして約七〇キロである。道路の両側はユーカリの並木が延んとつづく。樹高は約二〇メートル、幹の太さは約三〇センチぐらいだろうか。車窓からみると、ヤナギのような感じの、葉の細い樹と、青銀色の、広い葉をもつ樹の、二種類が混じっていた。葉をとってしらべたかったが、高速道路で止めることはできない。

帰り道、途中で土産物店に寄ったとき、ようやく、ユーカリの木を近くでみることができた。葉をむしりとると、樟脳に似た強烈な香りがした。ヤナギ状の葉は柄が長く互生しており、青銀色の広い葉は柄がなく、枝に対生していた。ショッピングをすませて、駐車場に集まってきたツアーのみなさんに、ユーカリの葉を示しながら説明した。

「並木のユーカリは、やはり二種類でした。正確な名前はわかりませんが、かりに、葉の細いほうをヤナギバユーカリ、葉の広いほうをギンヨウユーカリ、と命名しておきましょう。」

じつはこれは、私の誤りであった。帰国してから英語の樹木図鑑をしらべて、その樹が、学名を *Eucalyptus globulus* 英名を **Blue gum**（ブルーガム）という種類であること、オーストラリア・タスマニア島の原産であることを知った。

そして、その本にはユーカリのおどろくべき性質が書いてあった。それは、成木の葉形と幼木の葉形が異なること、つまり、同一の樹種でありながら、成長段階において、二種類の葉形をもつ、ということであった。

広くて、青銀色で、対生の葉は幼木の葉であり、ヤナギ状で互生の葉は成木の葉だったのである。高速道路の両側に植栽されているユーカリは一種類だった。これには、私もまいった。

買物ツアーと植林ツアー

日本への帰途、香港から仙台への飛行機の中で、朝日新聞（一九九九年九月二十一日付）を読んでいたら、たまたま、中国の砂漠緑化の記事が出ていた。華北ではポプラが、雲南ではユーカリが、砂漠緑化の中心樹種になっていることを知った。

ポプラもユーカリも、成長の速い樹である。日本でも、昭和二十年代から三十年代にかけて、各地の原野や山地で造林された。しかし、そのほとんどは失敗に終わった。理由は、植栽適地の選択ミスと、病虫害の発生にあった。

ポプラは、コウモリガ、クワカミキリ、シロスジカミキリが幹に侵入し、材部を食いあらし、風折れの

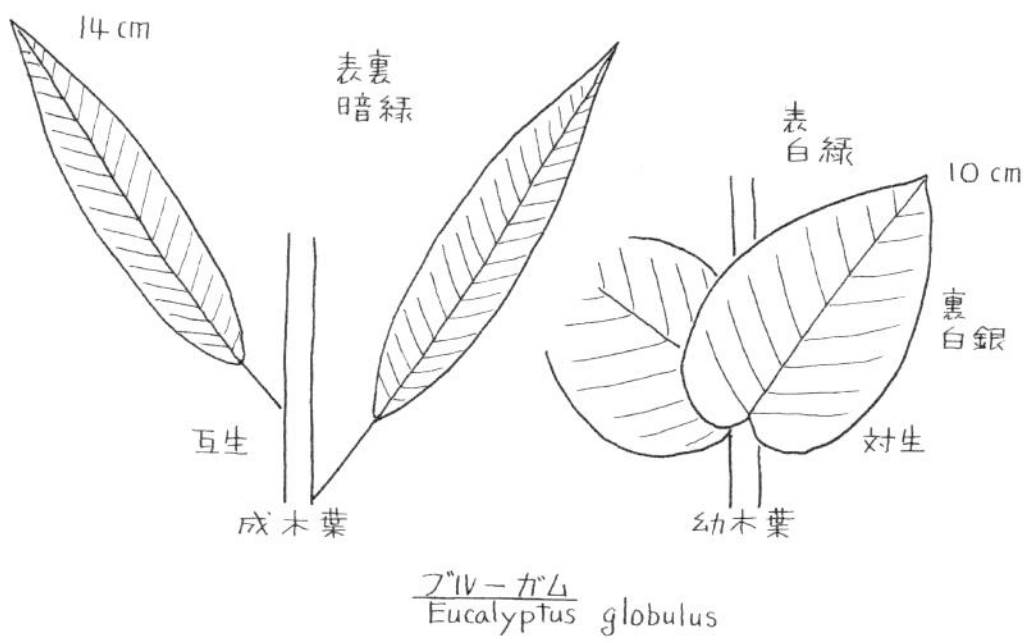

原因となった。いつだったか、ＮＨＫテレビで、中国の科学者が言っていた。中国でのポプラ造林が成功するかどうかは、ゴマダラカミキリの被害を防げるかどうかにかかっていると。中国では、ゴマダラカミキリの仲間が数種いて、ポプラの大敵になっているらしい。中国の植栽木はどこでも、樹幹下部を白く塗ってあるが、これは、カミキリムシの侵入を防ぐ予防剤なのである。（あとで知ったが、この白塗りは、夜間の自動車運転のときの、道端を示す目印にもなっているという。）

じつは私も、若いころポプラに興味をもち、日本各地のポプラの植林地をみてまわったことがある。ポプラ造林に熱心だったのは、林業家ではなく、林業にしろうとの民間人が多かった。かれらは植林の知識がなく、栄養の少ない、乾燥する山地にポプラを植えていた。結果は全滅だった。農地や道路ぞいに植えたものはよいとしても、はげ山にポプラは、無謀な行為だった。ユーカリも一時、日本南部で山地植栽が試みられたが、その成功を聞かない。風害によわかった、という話を聞いた。

中国の砂漠緑化への貢献として、日本から植林ツアーなるものがあることを、新聞記事から知った。いままで延べ一〇〇〇人以上の人が参加して、ポプラを七五万本も植えたという。今後さらに、長江流域への緑化も計画されているという。この場合は、造林樹種はユーカリになるのだろうか。日本での失敗を、中国でくり返してくるのではないか、と心配する。

朝日新聞の記事には、岡山大学農学部・吉川賢さんの、次のような話が出ていた。「砂漠化は、開墾や放牧など人間活動が原因で起きる。燃料のまきや、食料を必要とする地元の人の生活を無視して、植林さえすれば事たれり、というのは誤り。また、植林の樹種によっては、地下水への負担が大きく、周辺の水のバランスを崩してしまうケースもある。」

山が砂漠化する背景には、地域住民の貧困という問題もある。現金収入のために、都市での需要の多いヤギを放牧している。ヤギは草木を食べつくし、山を破壊し、砂漠化させる。また、貧困であるがために、燃料は、山の木を切って得るしかない。

中国のこの現状は、日本が経験した「はげ山時代」（江戸末期から明治にかけて）の状態と似ている（千葉徳爾『はげ山の文化』）。砂漠緑化の根本対策は、地元住民の貧困解消にあるといえる。

私は、この新聞記事を読みながら、ふと思った。植林ツアーも、それなりの意味はあると思うが、買物ツアーで、大いに地元の産物を買い、地域に金を落とせば、それだけ、住民は、山から燃料をとってくることも減り、山の緑化に貢献するのではないかと。

私は、今回の旅が買物ツアーになってしまって、なんだか、心苦しいものを感じていたのだが、この新聞記事を読んで、買物ツアーもわるくはなかった、と思いなおしている。植林ツアーが崇高な行為で、買物ツアーは堕落した行為、とはいえないのである。

ユーカリ属の特異性

ユーカリのことをガム・ツリー（gum tree）ともいう。幹に傷をつけると、ゴム質の樹液を出すからである。ブルーガムは、雲南の植物図鑑には、雲南における最重要造林樹種、と書いてあった。オーストラリアでは樹高一〇〇メートル、胸高直径は五メートルにもなるという。成長の速い木らしい。

ブルーガムは、日本の樹木図鑑には、単にユーカリとなっている。しかし、ユーカリ属には数百種もあるというから、やはり特定名が必要だろう。ここでは、ブルーガムという英名で呼ぶことにする。

ある本には、ユーカリの葉には油点があると書いてあった。ルーペでしらべてみると、幼木葉には一面に油点がみられた。これが、強烈な匂いのもとらしい。ユーカリの葉からは、ユーカリ油（シネオール、ほか）がとれ、香料、医薬料に用いられるという。

材はねじれる傾向があり、良質の板材はとれないが、チップとして使える。日本の輸入チップの二割近くがユーカリだそうだ。ユーカリは、日本のパルプ産業を支えている重要な一員なのである。

英語の樹木図鑑や解説書を読んでいて、ユーカリ属（フトモモ科）は、いろいろな面で、ひじょうに特異性に満ちた植物であることを知った。

第一に、オーストラリアとタスマニアを原産地とするが、隣国のニュージーランドには分布しない。

第二に、オーストラリアの全樹種の四分の三をユーカリ属が占めており、タスマニアの雪の峠から、クイーンズランドの北の、ヤシと木性シダの繁茂する熱帯雨林のジャングルまで、あらゆる森のなかで生きている。そして、平地から高山まで、半砂漠の乾燥地から湿った川岸の土手まで、あらゆるニッチをユーカリ属一族が優占している。ほかでは、みられない現象である。

第三に、冬芽は形成しない。冬は単に成長を休止するだけである。あるユーカリは、成長しながら、連続的に花を咲かせ、実をならせている。

第四に、前述したように、葉に二型ある。

オーストラリアの森林社会は、ユーカリ属を中心とした、わずかな樹属で構成されている。では、どうして、オーストラリアの森林社会は、樹属構成が単純なのであろうか。

私は最初、つぎのような説明を考えてみた。

オーストラリアが、おおむかし、ゴンドワナ大陸から分離し、大陸移動で現在の場所に移動してきたとき、それに乗っかってやってきた植物が、ユーカリ属を主とする、わずかな樹属だけであったと。

ゴンドワナ大陸の分離移動は、古第三紀のはじめごろというから、北半球では、マツ科やスギ科の針葉樹はもちろん、広葉樹も、かなりの属（ポプラ、カンバ、ナラ、ブナ、ニレ、などの属）がすでに存在している。しかし、それらの植物は、南半球のゴンドワナ大陸には、分布していなかった、ということになる。

しかし、この考えには問題がある。ミナミブナ属の行動と矛盾するのである。

ミナミブナ属の存在

ユーカリをしらべていて、一つ気になる樹が出てきた。ニージーランドで大きな勢力を張っているミナミブナ属の存在である。

ニュージーランドの探訪から帰ってきた伊藤さんが、土産に、ニュージーランドの木の本を買ってきてくださった。それをしらべてみると、ニュージーランドには、ミナミブナ属の樹種が五種類ほどあり、そのうち、よくみられるのが、アカミナミブナ、ギンバミナミブナ、ハードミナミブナの三種である。

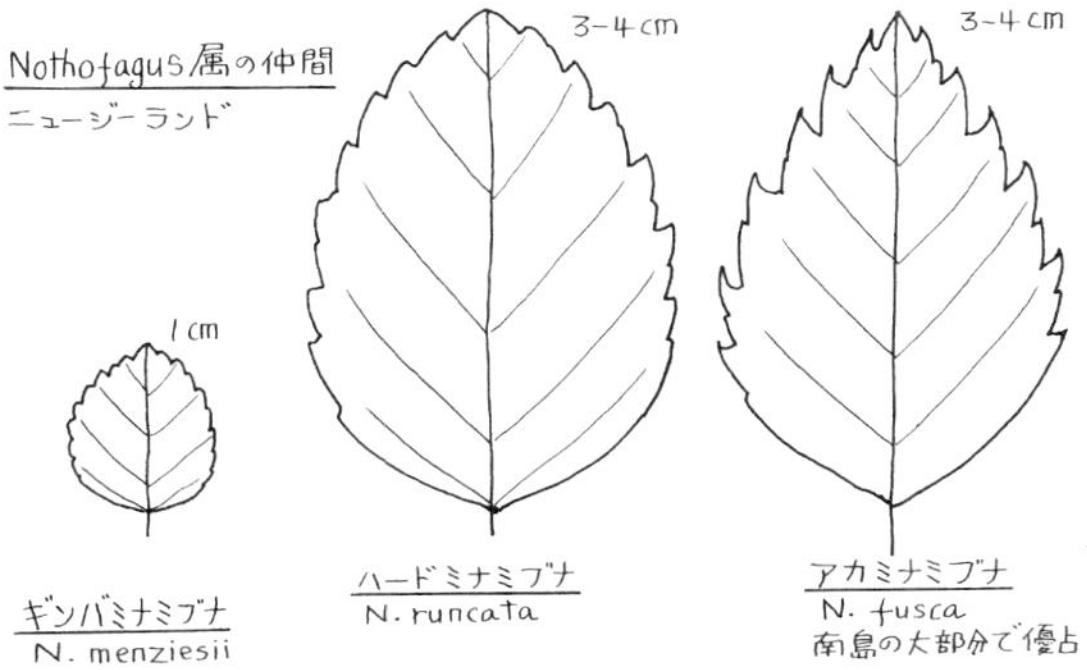

葉の大きさと鋸歯の状態で識別できる。葉長が二センチ以下であればギンバミナミブナ、葉長が二センチ以上であれば、鋸歯の形をみる。鋭ければアカミナミブナ、鈍ければハードミナミブナである。アカミナミブナは、南島の大部分の森（標高一〇〇〇メートル以下）で優占種になっているという。ミナミブナは、ニュージーランドでは、森の中心樹種らしい。

ミナミブナ属（*Nothofagus*）は、南アメリカ南部、ニュージーランド、オーストラリア、タスマニア、ニューカレドニア、ニューギニアに分布する。

これはもう、いうまでもない。古代のゴンドワナ大陸と関連していることを示している。だから、ニュージーランド島やオーストラリア大陸は、ミナミブナ属を乗せて、南アメリカから分離・移動してきた、という説が一般的である。

しかしまた、ふしぎなことに、ユーカリ属は、オーストラリアに存在するのに、ニュージーランドや南アメリカには存在しない。とすれば、ゴンドワナ大陸が分離・移動した時代には、その大陸にはまだユーカリは存在していなかったのではないか、という疑いが出てくる。

では、ユーカリはどこから来たのか、いろいろ本をしらべてみたが、それを解説している本には出会っていない。そこでまた、自分で考えることにした。

ユーカリの来た道

ユーカリがニュージーランドに存在しないのは、なぜか。これは、ゴンドワナ大陸では説明できない。そこで私は、ユーカリ属は、比較的最近になって、オーストラリア大陸自体のなかで、独自に発展・進化したのではないか、と考えなおした。

では、ユーカリの先祖は、なにものなのか。それは、どこからやってきたのだろうか。そこで私は、ゴンドワナ大陸説をまねして、つぎのような島の移動を空想をしてみた。

ゴンドワナ大陸が、ニューギニア、オーストラリア、ニュージーランドに分かれて、現在の位置に落ちついたのち、かなりの時代をへて、今度は、インドネシアの島々の一部が移動して、オーストラリアの北部で合体する。そのとき、フトモモ科のひとつ（進化した種）が、その島に乗ってきて、オーストラリア大陸に上陸する。

オーストラリアには、進化した植物が存在せず、フトモモ科の樹木は、よわい競争相手をけちらし、全島を支配する。そして、あらゆる生息場所に進出して、多彩な種に分化していく。動物の適応放散に似た現象が、植物社会でもおきたのである。これが、ユーカリ一族である。

ニュージーランドで大きな勢力を張っているミナミブナ属が、オーストラリアでは、わずかしかみられない。それは、進化したフトモモ科樹木によって、駆逐されてしまったのではないか、とも考えられる。

ユーカリ属の先祖が、東南アジアのフトモモ科の樹木とすれば、それは、どんな樹種なのだろうか。いろいろ考えたすえ、それは、オーストラリア北部のほか、インドネシアやマレーシアに自然分布するカユプテ（***Melaleuca cajuputi***）ではないか、という考えに到達した。

ユーカリは冬芽を形成しない。寒さが来れば、成長は休止するだけで、温度条件がととのえば、また、成長を開始する。これは、熱帯植物の血を引いていることを示している

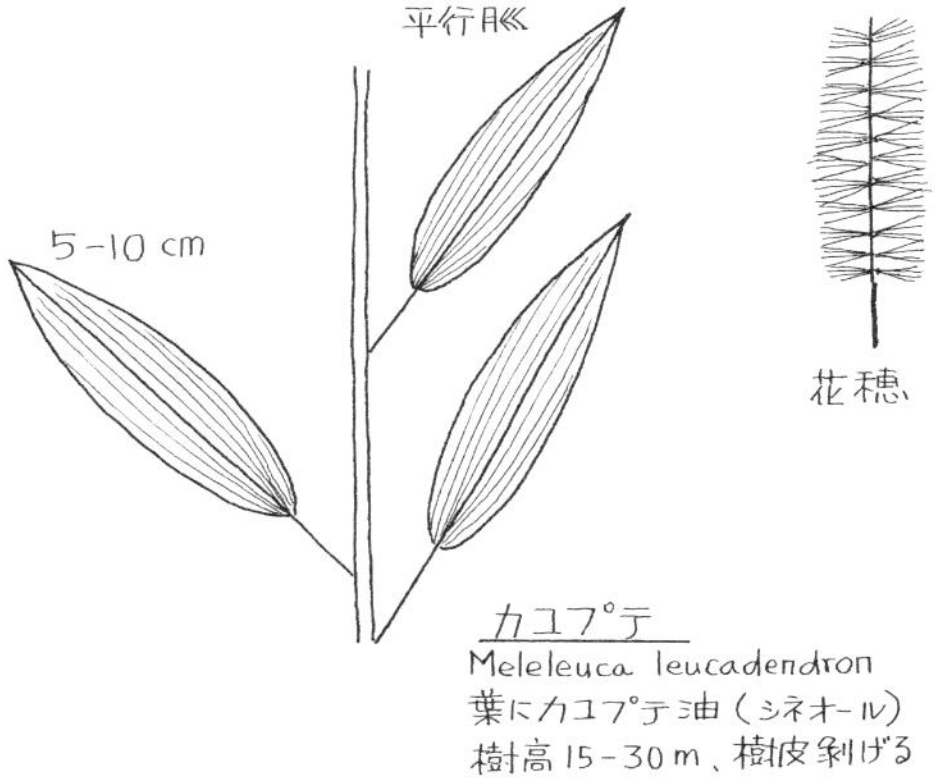

カユプテは、熱帯をふるさとにする樹である。樹高は三〇メートルにもなる高木である。幹肌の樹皮が剥がれやすく、ユーカリによく似ている。葉はヤナギ葉のように細長い。これもユーカリに似ている。ただ、葉脈が縦に平行して走る点は気にいらないが、葉からとれるカユプテ油は、シネオールを大量に含む。まさにユーカリ油とおなじである。

私は、ユーカリの先祖をカユプテと考える。

オーストラリアのミナミブナ属は、ユーカリによって、ほとんど全滅状態にある。しかし、ユーカリがオーストラリアに上陸したときは、ニュージーランドは、オーストラリアから分離していて、ユーカリはやってこなかった。おかげで、ミナミブナ属の社会は、破壊されずにすんだ。

オーストラリアは、進化した植物・ユーカリの王国となった

が、ニュージーランドは、古型植物のミナミブナ王国を維持しているのである。

2部　雲南紀行から

―中国から日本の樹と蝶を考える―

石林でクスノキに会う

クスノキとキンモクセイは仲良しコンビ

昆明から東南七〇キロの地に石林という観光地がある。カルスト台地、石灰岩の山である。面積は二万七〇〇〇ヘクタール、地下が鐘乳洞になっているところも多いという。その台地に、大きな岩柱の林立する個所がある。そこが観光の目玉になっている。たまたま日曜日であったためか、観光客でごった返していた。人波にもまれながら、巨大な岩柱のあいだを縫うように歩いた。石林から受けた印象は、青森県下北半島仏が浦の海岸岩間を歩いたときの、それに似ていた。

それだけであれば、すごいなあ、という驚嘆だけで終わっていたことだろう。ところが散策路を歩いていて、思いがけない照葉樹に遭遇する。灰白色が支配する風景のなかにあって、ところどころで、大木がさわやかに、緑の樹冠を広げていた。その樹は、岩柱群のあいまの、平坦な土の上を占めていた。クスノキだった。幹には、クスノキ独特の、深い溝が刻まれていた。私は、自分の目をうたがった。ガイドの中国人にきいてみた。かれは、ためらわず「クスノキ」とこたえた。このクスノキのそばに、背の低いキンモクセイが並んで立っていた。クスノキとキンモクセイは仲良しコンビのようにみえた。

昆明から石林への途中、山肌にマツはなかった。しかし、石林地区に入り、草原状のカルスト台地になると、山肌にマツ林が出現してきた。ウンナンミツバマツ（*Pinus yunnanensis*）ではないかと思う。雲南はマツ林が多く、マツタケの産地にもなっている。

マツのほかに、イトスギのような形の樹群をみた。これはイブキ（Juniperus chinensis）らしい。

石林のカルスト台地にマツやイブキなどの針葉樹が多いのは、アルカリ性土壌と関係があるのだろう。アルカリ土壌が多くの広葉樹の侵入を拒んでいるのだと思う。しかし、巨大岩柱の林立する個所では、マツはみられなくなった。このあたり、広葉樹のみならず、針葉樹のマツまで拒否しているようにみえる。岩柱の斜面に、蔓植物や背の低い灌木がはうだけである。

そんな状況のなかで、クスノキとキンモクセイだけが、のびのびと枝を張りあげていた。クスノキはこの地に、自分の生きる場所をみつけたようだ。クスノキのふるさとは、中国南西部の石灰岩地帯ではないか、と思った。

ただ、石灰岩地帯は、ウンナンミツバマツの好む場所でもある。マツとクスノキは、どのようにして、自分たちの縄張りを確保しているのだろうか。

クスノキのほうは、深い土壌の、湿った平坦地を好むようだが、ウンナンミツバマツは、反対に、浅い土壌の、乾燥地を占めているようにみえた。

日本列島でも、四〇〇万年まえごろ、オオミツバマツが生きていた。現在は、滅亡して存在しない。進化した二葉松にやられてしまったのだろう。化石オオミツバマツに近い三葉松が、現在、中国の雲南に生き残っている。雲南には、よわい植物を守るかけ込み寺が、あちこちに存在していることがわかる。

石林は石灰岩台地のうえに位置する

巨大な岩柱が林立するなかで、クスノキが緑の梢を伸ばしていた

石林では、キンモクセイがクスノキと行動を共にしていた。この樹も、石灰岩のような、アルカリ土壌を好むようである。やはり、競争によわい樹らしい。

キンモクセイは中国名を桂樹という。中国の風景を代表する桂林（広西省）は、キンモクセイの繁る山なのである。桂林の山も石灰岩でできているという。桂林は、キンモクセイのかけ込み寺らしい。桂林の山は、どんな姿をしているのだろうか。

クスノキやキンモクセイのような行動をとる広葉樹が、ほかにもいる。たとえば、カシワである。北海道の海岸によく出現する樹である。岩手県では、内陸の石灰岩の山（宇霊羅山）に出てくる。この山には、ブナもミズナラも生えない。強アルカリ性の山だからである。

クスノキの思い出

私は、高校（旧制）生活を鹿児島で送った。寮は城山のそばにあった。城山の森にはクスノキの大木が多かった。「クスの葉ずえに」という逍遥歌をうたいながら、山道を散策した。のち、大学で林学を学び、樹木の世界を知った。

卒業後、東京大学演習林に職を得、南伊豆にある樹芸研究所に赴任した。山にはクスノキの森があった。春の芽吹きはすばらしかった。しかし、この森は、樟脳をとるための人工林だった。

クスノキの葉にはカンファーという成分がある。殺虫剤になる成分である。しかし、樟脳は人工的に合成されるようになり、殺虫剤生産としてのクスノキは、必要でなくなった。

ところが、クスノキのなかには、クロモジのような芳香を出す個体があった。それは香水の材料になる。

芳樟と呼ばれていた。助教授のWさんは、よりよい芳香を出す個体を求めて、育種研究をしていた。私も、その仕事の手つだいをした。苗畑に腰掛けをもちこみ、クスノキの苗の葉を摘みとって匂いをかぎわけ、ノートに記録するという単純作業だった。これが、クスノキとのつきあいのはじまりだった。

のちになって、日本全国の街路樹の生育調査をしたことがある。クスノキは、関東以西では、都市緑化樹として、どこにでもよく植えてあった。多くの樹が、自動車の排ガスをあびて、気息えんえんとしているなかで、クスノキは、元気に、さわやかな緑の葉を茂らせていた。都市環境に、めっぽうつよい樹であることを知った。京都の府立植物園まえのクスノキ並木は、すばらしいものだった。

日本列島で、自然の森を形成している主役の樹は、一般に、都市に植えると生育がよくない。きれいな空気と豊かな水にめぐまれて、すくすく育ってきた樹にとって、都市環境は苛酷すぎるからである。ところが、クスノキは都市環境につよい。いったい、クスノキという樹は、どんな自然環境のなかで育っているのだろうか。クスノキの自然林をみたい、という気持ちが私の胸のなかに高じてきた。

私は、松枯れ調査の仕事で、関東以西の海岸や里山を、あちこちみて歩いたのだが、自然のクスノキの森に遭遇することはなかった。

伊豆半島の海岸でときどきみかけるが、いつも単木で、ひっそりと生きているだけだった。神奈川県真鶴半島で、クスノキとクロマツの森をみたことがある。なかなか立派な森だったが、これもむかし、植林されたものらしい。私が南伊豆の樹芸研究所に赴任したのが昭和二九（一九五四）年、そのとき研究所のクスノキの森は三〇年生ぐらいだった。おそらく、昭和のはじめごろ、樟脳をとるために、日本各地で山にクスノキを植林したのだ、と思う。

福岡県立田山にはクスノキの天然林がある。林冠上層はほぼクスノキで占められ、低木層はアオキが優占しているという。この森が、どんな性質のものなのか、私はまだみていない。

本格的なクスノキの森がみられるのは、鹿児島県だけだ。

鹿児島市の城山には、立派なクスノキの森がある。樹齢三〇〇年を超えると思われるクスノキの大木が林立している。この森は、クスノキを中心にした照葉樹の森である。この森のスタイルは、ほかで例をみない。

蒲生《かも》町八幡神社のクスノキは、樹齢一〇〇〇年を超える巨木である。神社の裏山も、クスノキを主とする森だった。これらは、自然の森らしい。

なぜ鹿児島にはクスノキが多いのか。いろいろ考えたすえ、私はつぎのような結論に到達した。

鹿児島の山土は、シラスで構成されている。桜島の火山灰である。この土がクスノキを支えているらしい。照葉樹林帯では、カシ、シイ、タブが森を支配する。クスノキは、カシ、シイ、タブに圧倒されて、勢力を張ることができない。競争によわいのだと思う。しかし、シラスのつよい酸性は、カシ、シイ、タブの勢力を抑えこむ。一方、クスノキは酸性土によく耐える。そして、シラスの森を支配した。

クスノキは外来植物？

雲南省石林でクスノキをみた。そこは、石灰岩の山だった。中国でも、クスノキはふつうの山にはない、という確信のようなものを得た。日本のクスノキのふるさとは、中国南部の石灰岩地帯ではないか、と思った。

日本に帰ってから、クスノキの実態を確かめるために、各種の植物図鑑しらべなおしてみた。多くの図鑑には、クスノキの分布は、本州（関東以西）、四国、九州、と記載されていた。しかしおどろいたことに、『寺崎日本植物図譜』には、「クスノキは中国原産で、日本の本州・四国・九州に植栽あり」、と書いてあった。ほかにも、「本州・四国・九州に自生するというが、疑わしい」と書いてある樹木図鑑が二、三あった。それに、図鑑類をみるかぎりでは、沖縄にクスノキが自生しているのかどうか、明瞭でない。クスノキは、もしかしたら、中国原産の樹かもしれない。そこで『中国高等植物図鑑』をしらべてみた。

クスノキ属（*Cinnamomum*）はクスノキ類とニッケイ類に分けられる。図鑑には五種のクスノキ類が記載されていた。

そのなかに*C. camphora*という種があり、長江以南と西南の各省に分布し、日本にもあり、とある。これが日本とおなじクスノキである。ただし、私が期待したような、「石灰岩地帯に分布」、とは書いてなかった。中国にはどこにでも、広く分布しているらしい。

また、図鑑にはつぎのような記載があった。「クスノキは、材、根、枝、葉から樟脳をとり、種子から油をとり、これらは、薬用・工業用に使われ、殺虫剤に使われ、木材は船材・建築材に使われる」と。

樹高は三〇メートルにも伸びる。中国では、抜群の有用樹として扱われていることがわかる。おそらく、人間が各地で植栽・利用してきた歴史があり、いまや中国でも、クスノキの自然の姿はわからなくなっているのではないか、と思う。

日本の図鑑をみても、中国の図鑑をみても、クスノキが中国の樹なのか、日本にむかしから存在していた樹なのか、判断できない。

ただ、クスノキが外来種とすれば、鹿児島県のクスノキの森をどう考えるべきか、という大きな困難が生じる。鹿児島市城山のクスノキの森は、クスノキを中心とした照葉樹林で、ほんとうに、自然林としての風格がある。人間が植えた森では、こんな姿にはならないだろう。

蒲生《かも》のクスノキは、樹齢一五〇〇年ともいわれている。この木は、八幡神社の境内にあるが、これは、植えたものではなく、大樹のそばに、神社を建てたのだろう。いまから一五〇〇年まえに、蒲生の田舎に、クスノキを植える理由がない。

鹿児島県のクスノキは、自然本来のもの、と考えざるをえない。私は、城山のクスノキの森のなかで、青春時代を送った。クスノキの森を眺めながら、寮の部屋で勉強していると、コジュケイの、よくとおる鳴き声が、しきりに聞こえてくる。当時、その声のぬしがわからなかったのだが、その声が、私を森へ招いているような気がした。私は、それから野鳥に興味を抱くようになった。城山のクスノキの森は、野性ゆたかな森だった。

クスの葉のダニ部屋

クスノキの葉にダニが生息していることを、私は最近、はじめて知った。クスノキの葉は、中心脈をはさんで、両側に二本の脈がたてに走る。いわゆる三行脈である。中心脈と両側の脈が接するところに、小さな袋が形成されている。その中にダニがすむという。それでダニ部屋と呼ばれている。

ほかのクスノキ類には、ダニ部屋がないという。ダニ部屋の存在は、クスノキであることの証拠物件でもある。ある人から、ほんとうにダニがいるのでしょうか、ときかれた。ルーペでは、確認できないという。そこで、仙台市の街路に植栽されている一本のクスノキから、葉をとってしらべてみた。

四〇倍の実体双眼顕微鏡では、動いているダニがみえたが、形まではわからない。四〇〇倍の顕微鏡をのぞいて、図のようなダニの形が確認できた。それはフシダニの一種であった。専門家は、どんな和名をつけているのか、私にはわからない。そこで、仮に「クスノフシダニ」と命名しておく。

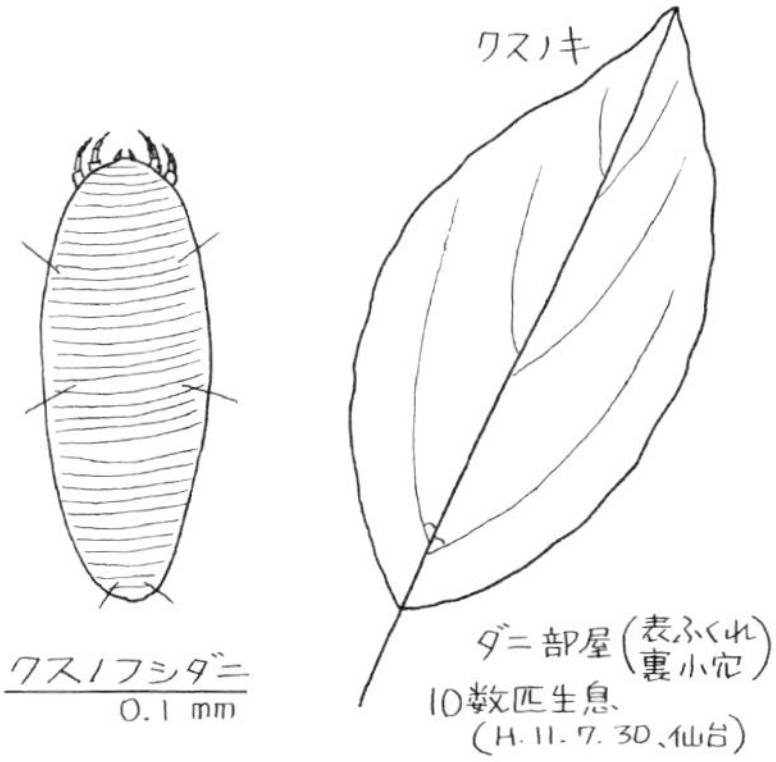

それにしても、クスノキの葉のすべてにダニ部屋があるとは、とてもふしぎな感じがする。フシダニは、毎年、卵を産んで増殖していくはずだから、成長した新成虫は、どこへ行くのだろうか。行く場所がなくて、餓死しているのだろうか。

日本のクスノキが、はるかむかし、中国から渡ってきた。樹自身の力でやってきたのか、人間がつれてきたのかは、別として。そしてクスノフシダニも、クスノキの葉について、中国から渡ってきたのだろうか。

石林のクスノキの葉にも、フシダニが寄生しているにちがいない。葉を一枚、もらってくるべきだった。そして、母国のフシダニが日本のフシダニとおなじ形をしているかどうか、確認すべきであった。もしちがっておれば、クスノフシダニは日本の虫ということになる。

ウバメガシの日本逃避行

西山森林公園にて

雲南省の省都・昆明の市街地から西方一五キロのところに西山森林公園がある。山の中腹に龍門石窟があり、眼下に湖が広がっている。細い山道は観光客で雑踏していた。道ぞいでアラカシらしきものとヤブニッケイらしきものをみた。この山の森は照葉樹林と思われる。

帰りみち、エノキやヤマザクラなど、落葉広葉樹も混じっていることに気づいた。山麓にあるお寺の境内では、ミズナラの葉に似た大木を何本もみた。これも自然木と思われた。

帰国してから、『中国高等植物図鑑』をしらべてみた。雲南の、標高二〇〇〇メートルあたりに自生する、ミズナラに似た樹は、*Quercus griffithii*という種らしい。雲南の照葉樹林のなかにも、ヤマザクラ類やナラ類の存在することを知った。

ナラ属日中比較

カシ類もナラ類も、ブナ科ナラ属（*Quercus*）にぞくする。そのなかで、常緑で、どんぐりのお椀の模様が同心円状のものをカシという。カシ類は東アジアにしか存在しない。

中国は、日本のナラ・カシ類のふるさと、といわれている。そこで『中国高等植物図鑑』から、ナラ属の種類を拾い出し、日本のそれと比較してみた。

カシ類は、日本には六種存在するが、中国には二三種もあった。そのうち、雲南・貴州だけでも一六種も数えられた。ただし、黄河以北の寒冷地域にはカシは存在しない。そこはナラ類の国となる。

日本のカシ類六種のうち、三種は中国大陸と共通であり、残りの三種は台湾を含む日本列島産である。カシ類は、中国大陸から、台湾、沖縄をとおって、九州・四国・本州に入ってきた、と考えられる。

カシ類は、多くの種が大挙して、南西諸島を経由して日本に入っている。このことは、カシ類が、かなり古い時代（南西諸島が大陸と陸つづきであったころ）に、すでに多くの種が誕生していたことを意味する。カシ類は、古いタイプの樹木群なのである。

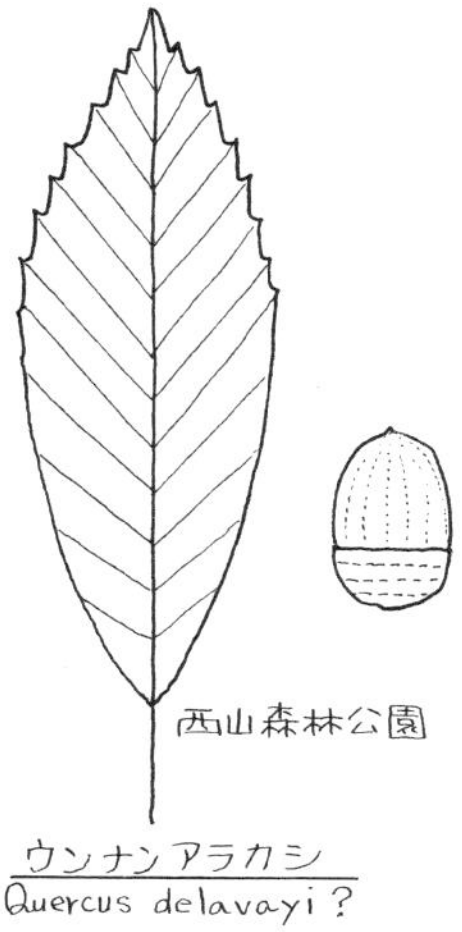

ただ、カシ類がとおったにちがいない沖縄には、イチイガシ、アカガシ、シラカシ、ツクバネガシは存在しない。環境の単純な沖縄では、よわいカシ類は、つよいカシ類（ウラジロガシ、シラカシ）に滅ぼされてしまったのではないか、と私は考えている。

ナラ類は、落葉性で、どんぐりのお椀の模様が鱗状のものをいう。中国では一二種、日本では六種（コナラ、ミズナラ、ナラガシワ、カシワ、アベマキ、クヌギ）が存在する。その六種とも、同種が中国にある。
落葉性のナラ類は、朝鮮半島経由か、カラフト経由で、日本列島に入ってきたと思う。日本には固有のナラは存在しない。ナラ類のふるさとは、中国大陸にある。

玉竜雪山山麓のウバメガシ林

麗江は、雲南省の北西部に位置する高原の都市である。市街地の北西には、万年雪をいただいた玉竜雪山がそびえている。標高五五九六メートル、まだ未登峰の山だそうだ。市街地を出て二〇分、バスは玉竜雪山の山麓を走る。あたりは、なだらかに起伏する草原となる。標高はすでに二五〇〇メートルを超える。麗江のまち自体が、標高二四〇〇メートルの盆地にあるのだ。

草原のところどころに、背の低いウンナンミツバマツ（*Pinus yunnanensis*）が樹林を形成しているが、草原の大部分は、樹高一メートルにも満たない、背の低い広葉樹の群落がパッチ状に広がっていた。そのあいだに、小石まじりの裸地が広がり、高山植物がピンクや赤や黄や白の花で、地表を華やかに彩っている。バスを降りて広葉樹をしらべてみた。背の低い群落を形成していたのは硬質の葉で、鋸歯が針のように尖っていた。ウバメガシの仲間だった。

ウバメガシ類は、一般に、葉は硬く、小さく、鋸歯は針状に尖る。これは、乾燥と強風に対する適応の姿である。それにしても、地面をはうような樹形にはおどろいた。ウバメガシ類の本性をみたような気がした。

帰国して『中国高等植物図鑑』をしらべてみた。*Quercus monimotricha*（樹高〇・五～二メートル、海

麗江高原の荒れ地は、ハイウバメガシと可憐な高山植物の世界だった　（撮影曽根田和子）

雲杉坪から玉竜雪山の山肌を望む

抜二四〇〇～三九〇〇メートル）という種らしかった。その匍匐性に敬意を表して、ハイウバメガシと命名したいと思う。

そして、玉竜雪山山麓の、荒れた低木草原の植生を、仮にウンナンミツバマツ―ハイウバメガシ群落と名づけておこう。

私たちのバスは、さらに高原をのぼっていく。そして雲杉坪《ウンサンピン》へのぼるロープウェーの駅についた。ロープウェーはさらに、急な山の斜面をのぼっていく。最初は、ウンナンミツバマツや樹肌の白っぽい五葉松（***Pinus armandii*** ?）の人工林だったが、山の斜面が岩でごつごつしてくると、硬葉樹林にかわった。幹肌は黒っぽく、樹高は六～七メートルはあろうか。ちょうど淡黄色の雄花穂を垂らしていた。よくみると、これもウバメガシの仲間だった。

一〇分ほどで雲杉坪についた。標高三一〇〇メートルの台地である。雲杉坪からは、万年雪をただいた玉竜雪山の全貌がみえる。

雲杉とはトウヒ類（***Picea***）をさす。坪とは台状地形をいう。雲杉坪は、台状地形に形成された寒地系の針葉樹林で、レイコウトウヒ（***P. likiangensis***）を優占種とし、幹肌の白っぽいモミ類（シラベのような）も若干まじっていた。ガイドさんの説明によると、山の高度があがると、トウヒ林はモミ林にかわり、森林限界あたりになると、イチイの林にかわるという。

雲杉坪のトウヒ林のなかにも、ウバメガシが数多く混じっていた。仮にウンサンピンウバメガシと名づけておく。

日本であれば、トウヒ林の下部は徐々に落葉樹のダケカンバ林かブナ林、あるいはミズナラ林にかわっていくはずだが、雲南では常緑樹のウバメガシの仲間が登場する。これには、たいへん奇異な感じを受けた。ウンサンピンウバメガシは、葉の鋸歯が比較的鋭くないので、『中国高等植物図鑑』から、*Q. pannosa*（海抜二六〇〇～四三〇〇メートル、混交林中）という種ではないか、とみている。

ウバメガシ類のすみか

ウバメガシ類は常緑性であるが、どんぐりのお椀の模様は鱗状で、ナラ類のどんぐりの模様と同じである。だから、ウバメガシ類は、ナラ類のうち、常緑性のものをいう、と考えてよい。常緑性だから、日本語ではカシをあてている。

ウバメガシのような硬葉樹の仲間は、夏乾燥し冬雨の多い地域に、ふるさとを形成するといわれている。代表的な硬葉樹林は、地中海沿岸、カリフォルニア州南部海岸、ほか二、三個所にみられる。いずれも、海岸域である。

ところが、『中国高等植物図鑑』をしらべてみると、中国のウバメガシ類（一一種もある。表3参照）の本場は、中国の内陸部、雲南・四川の両省にあり、しかも、高標高の山岳域か、石灰岩の山に分布しているのである。

これは、ウバメガシ類が、勢力のつよいナラ類やカシ類に圧倒されて、土壌のわるい山（強アルカリ性の石灰岩）か、高山の風あたりのつよい岩場に、あるいは、標高の低いところであれば、峡谷の断崖絶壁に逃げこんでいることを示している。

私は、はからずも、玉竜雪山の山麓で二種類のウバメガシに遭遇した。ひとつは、石や砂のまじった高山草原の、ハイマツ状になったウバメガシであり、もうひとつは、雲杉坪にいたる急な岩山の斜面の、やや背の高いウバメガシである。

雲南省麗江の山岳地帯は、ウバメガシ一族のふるさとのひとつになっているらしい。ただ、雲南という風土は、モンスーンの影響を受ける地域であり、夏雨多く、冬は乾燥する。これは、一般的にいわれている、硬葉樹林の成立条件—冬温暖多雨・夏猛暑乾燥—に合致しない。

ウバメガシの仲間は、なにも、そんな条件にこだわっているのではない、と思う。ともかく、うるさいカシやナラがやってこない場所であれば、どこでもいい。麗江のウバメガシ林は、そう語っているように思う。

ウバメガシの日本逃避行

中国のウバメガシ類のうち、日本列島にも分布している種が一つある。*Q. phillyraeoides* つまり、日本でいうウバメガシである。日本のウバメガシは、関東以西から四国・九州・沖縄に分布し、海岸絶壁で群落を形成している。

表3　中国産ウバメガシ類の種類、分布、生息場所

種類	性状	分布	生育場所
①Q. senescens	灌木	雲南・四川	石灰岩山
②Q. pannosa	灌木	雲南・四川	2600-4300 m
③Q. semicarpifolia	高木	四川・ﾁﾍﾞｯﾄ	2300-3200 m
④Q. aquifolioides	灌木	四川	3000-4500 m
⑤Q. pseudosemicarpifolia	灌木	雲南・四川・貴州	1800-3000 m
⑥Q. monimotricha	灌木	雲南・四川	2400-3900 m
⑦Q. spinosa	灌木	雲南・四川、ほか	石灰岩山
⑧Q. gilliana	灌木	雲南・四川	2400-3100 m
⑨Q. engleriana	高木	四川・湖北、ほか	1000-2700 m
⑩Q. franchetii	高木	雲南・四川	1200-2600 m
⑪Q. phillyraeoides (ウバメガシ)	灌木	長江中下流域以南	林中
⑫Q. cocciferoides	高木	雲南、四川	渓谷

大学で林学を学んでいたとき、伊豆半島の海岸絶壁の植生が、ウバメガシ―トベラ群集である、と教わった。そしてつい最近まで、そういう事実認識しかなかったのだが、いま、雲南に来て、中国のウバメガシたちの奇妙な分布行動を知るにおよんで、はじめて、日本のウバメガシの行動を理解することができた。日本のウバメガシは、中国から日本に流れてきて、暖地の海岸絶壁に逃げこんでいる、ということなのだ。日本の海岸は、ウバメガシのかけ込み寺となっていたのである。そこは、ナラもカシもやってこない。ウバメガシは、日本に来て、はじめて安住の地をみつけたようである。

雲杉坪へいたる急斜面はウバメガシの世界だった
（撮影曽根田和子）

最近、ウバメガシは備長炭《びんちょうたん》として、高い評価を獲得しつつある。そのためかえって、乱伐の危機にさらされている。日本に逃避行してきたウバメガシの、安住の地を破壊しないでほしい。

北アメリカのウバメガシ

北アメリカのカリフォルニア州南部海岸は、ウバメガシのふるさとのひとつになっている。北アメリカは乾燥大陸で、全域でナラ王国を構築しているが、そのなかにウバメガシ類も存在

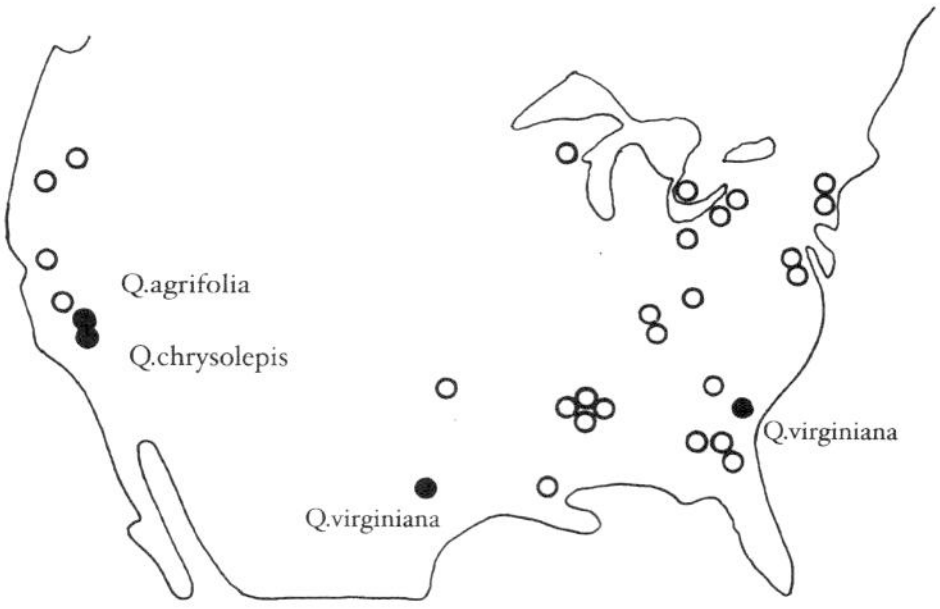

北アメリカにおけるナラ属主要樹種（約30種）の、最大木存在場所を示す。●はウバメガシの仲間（Johnson『世界の樹木』より作図

する。そこで、北アメリカにおけるウバメガシの地位をしらべてみた。

アメリカでは、落葉性のナラ類をオーク（oak）と呼び、常緑性のナラをライブオーク（live oak）と呼んでいる。ライブオークは、ウバメガシの仲間である。

北アメリカではオーク類が大発展しており、種数は数十種におよぶ。一方、ライブオークは少なく、東海岸で一種、西海岸でわずか六種が知られているのみである。

H. Johnson『世界の樹木』には、北アメリカにおけるナラ属の勢力範囲を示す、おもしろい図（120ページ）が出ていた。それは、ナラ属のおもな樹種、約三〇種について、それぞれの種の最大木の存在場所を示したものである。最大木がある地域は、その樹種のふるさとを示すと考えてよい。

この図から、ナラ属の主要樹種のふるさとは、北アメリカ全域に広く存在していることがわかる。これに反しライブオークは、西海岸の南のほうで、細ぼそと生きている。ウバメガシの仲間は、北アメリカでも、落葉性ナラ類に圧倒されて、海岸域に逃げこんでいることがわかる。

おもしろいのは、西海岸とは気象条件が異なる東海岸にも、ライブオーク（*Q. virginiana*）が存在することである。ウバメガシにとって、うるさいナラがこなければ、どこでもいい、とアメリカのウバメガシもいっている。

スダジイ群団

玉泉公園のシダレヤナギ

麗江の玉泉公園には、清冽な水が湧き出す泉があり、公園のなかには、その水をたくわえる湖が広がっている。湖水は青藍色に澄み、晴れた日には湖面に玉竜雪山の姿が映る。その泉のそばに、明代の創建になるという五鳳楼が建っている。弓状に反りあがる屋根は、鳳凰が飛び立つ姿を思わせる。

湖岸には、シダレヤナギと白楊《バイヤン》の並木が緑陰をつくっていた。

シダレヤナギは学名を***Salix babylonica***という。つまり、バビロンの柳、という意味である。ではバビロンはどこの地にあるのだろうか。世界地図をしらべてみて、はじめてわかった。現在のイラクの首都バグダッドの南、チグリス川の川ぞいにあった。古代の都であった。

この川ぞいは、いまでもヤナギ天国らしい。しかし実際は、シダレヤナギはチグリス川ぞいにはない。原産地は中国南部と考えられているが、その場所ははっきりしていない。『中国高等植物図鑑』にも自然分布の地名は書いてない。上高地のケショウヤナギのように、もともとは、どこか特殊な川ぞいに、細ぼそと生きていたヤナギかもしれない。玉泉公園の湖岸に植えられた、その巨大な幹をみると、やはり、雲南あたりがシダレヤナギのふるさとかなあ、という気がしてくる。シダレヤナギは、いまから一三〇〇年まえの奈良時代に、すでに日本に入っている。

白楊《バイヤン》はポプラ属の樹木をいう。湖岸に植えられていた白楊は、葉形と幹肌から一見、ヤマナラシにみえたが、落葉を拾ってしらべてみると、葉柄の断面が丸かった。ヤマナラシの葉柄は偏平なので、この白楊は、ヤマナラシではなく、ドロノキの系統ではないか、と思った。図鑑をしらべてみると、雲南白楊（*Populus yunnanensis*）という種らしい。

スダジイ群団

玉泉公園で、私の興味をつよく引いたのは、五鳳楼の裏山の、でっかい木々の森だった。幹肌は黒っぽく、縦みぞがあった。ちょうど花穂を伸ばしはじめたらしく、濃緑の樹冠部が部分的に灰黄色に染まっていた。この時期（五月下旬）、樹冠に花穂が伸び上がってくるのは、シイ属の木である。その木の大きさから、この森は自然林だと思った。中国では、自然林の多くは伐採されてしまって、なかなか目にすることはない。しかしこのシイノキ林は、お寺の境内林として保護されてきたのだろう。

シイ属は照葉樹林の一員で、やはり雲南あたりをふるさととする樹だろう。佐々木高明は、その著書『照葉樹林文化の道』のなかで、雲南から長江の河口を結ぶ線の南側、つまり、江南の地域は、かつては照葉樹林でおおわれていたと推定される、と述べている。そして、照葉樹林の西端は、ヒマラヤ山脈の南側、ブータンあたりまで伸びているという。

照葉樹林は、東にむかっては、日本の南西諸島を経由して、九州・四国に入り、その東端は関東から、海岸ぞいに宮城県あたりまで伸びている。

日本は、自然にまかせておけば、ほぼ全域が森林となる。そして、関東から沖縄にかけての里山は、シイノキの森が優占する。

私は、林学科の学生であったとき、鈴木時夫先生（故人）から、森林社会学の講義をひとりで受けた。まず最初に、ブラウン・ブランケの『植物社会学』を英語版で教わった。ついで、先生が出したばかりの『東亜の森林植生』が教科書となった。

先生は、シイノキが支配する地域の植物社会を「スダジイ群団」と名づけられていた。林学ではふつう、カシ類の存在を重視して、カシ帯と呼ばれる地域なのだが、鈴木先生はシイノキのほうを重視されたのである。なぜ先生がスダジイを重視されたのか、その理由を説明されていたはずだが、記憶にない。想いおこせば、私は、できのわるい学生だった。

玉泉公園のシイノキの森

シイノキとヤマガラ

私がシイノキに興味をもったのは、大学を出てからだった。東京大学演習林の助手になって、まず最初に赴任し

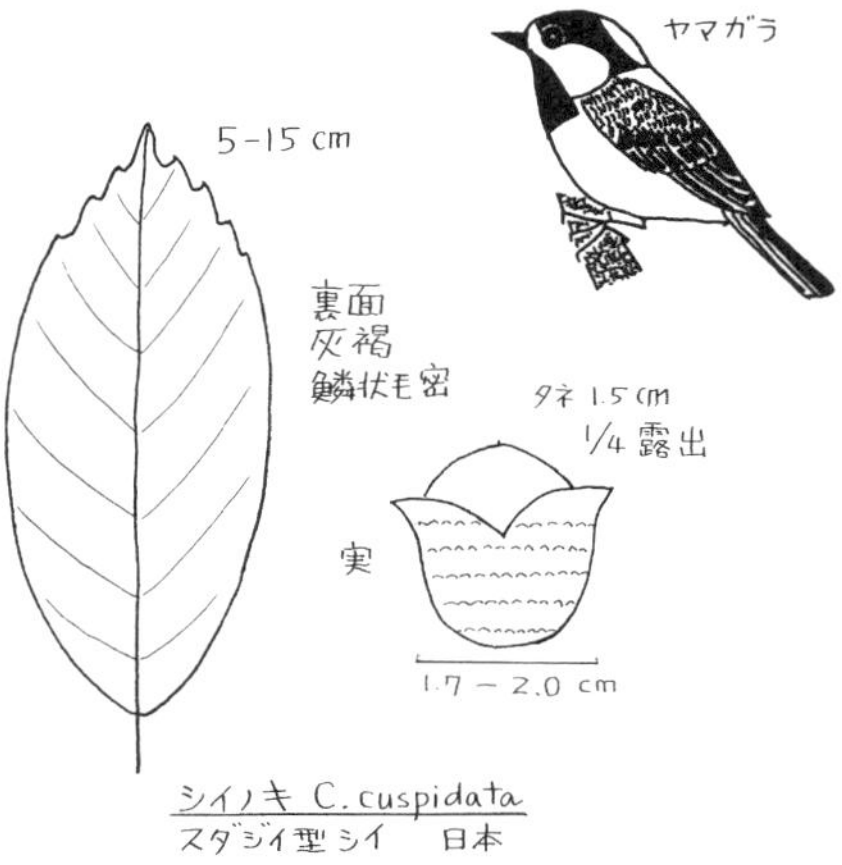

たのが南伊豆演習林だった。そこはシイノキの山だった。その森には、ヤマガラがたくさん生息していた。私はすぐ、ヤマガラと友だちになった。そして、シイの実がヤマガラの冬の大切な餌になっていることを知った。ヤマガラにとって大切な樹は、私にとっても大切な樹なのである。

シイノキはブナ科シイ属にぞくす。日本のシイ属には、シイノキ一種しか存在しない。しかも、これは日本特産種である。

シイノキは、コジイとスダジイの二亜種に分けられる。コジイは内陸に分布し、タネは小さい。スダジイは海岸に近いほうに分布し、タネは大きい。さらに伊豆七島では、本土から離れるほどシイノキのタネは大きくなり、それに対応してヤマガラのくちばしも大きくなることが知られている。ヤマガラがシイノキの実をたよりに生きていることがわかる。

ヤマガラは、日本列島固有の鳥で、中国大陸には生息しない。最初、私は中国大陸にはシイノキ類が存在しないのか、と思っていた。しかし平成十一年、中国の雲南省をはじめて旅して、その機会に中国の植物図鑑を入手して、しらべてみた。そして、中国に多種類のシイノキ類の存在することを知った。

『中国高等植物図鑑』をひもといてみると、おどろいたことに、シイ属は二六種も記載されていた。日本にはわずか一種しかない、というのに。その事実を知ったとき、私の脳裏には、さまざまな疑問が噴出してきた。とくに、次の二点が気になった。

①中国には二六種ものシイ属が存在するのに、なぜ、日本は一種しかないのか？

②中国には、かつてはいたるところにシイノキの森があったのに、なぜ、ヤマガラが分布しないのか？

クリ型シイとスダジイ型シイ

シイ属は学名を*Castanopsis*という。これは「クリに似たもの」、という意味である。私は、どうしてシイノキがクリに似たものなのか、長いあいだ疑問に思っていた。しかし今回、中国のシイ属をしらべていて、はじめてその特徴を知った。シイ属のほとんどの種は、タネが実の殻に完全に包まれており、殻が熟して割れても、タネは先端がみえる程度で、ほとんど露出することはない。

また、殻の表面には、クリのような針状のイガイガの突起か、あるいは、先の鋭く尖った、太くて短い突起が一面にある。クリとのちがいは、実がやや小さいこと、殻のなかにタネが一個しかないこと（クリは二ないし三個）ぐらいである。シイノキのタネは美味で、生食できる。シイノキの実は、まさに小さなクリなのだ。命名者が属名を「クリに似たもの」としたわけがわかった。

日本のシイノキの実は、殻の表面に微細な三角形の苞片が横列に並ぶ。その結果、殻には数段になったリング模様がみられる。しかし、クリの殻のような、長い針状の突起はない。実は熟すと、殻が三つに割れて、タネの先端四分の一ほどが露出する。殻に刺がないので、指でタネをつまみ出して、食べることができる。おいしい。日本のシイの実は、童謡に歌われるほどに、やさしい。しかし、このタイプは、シイ

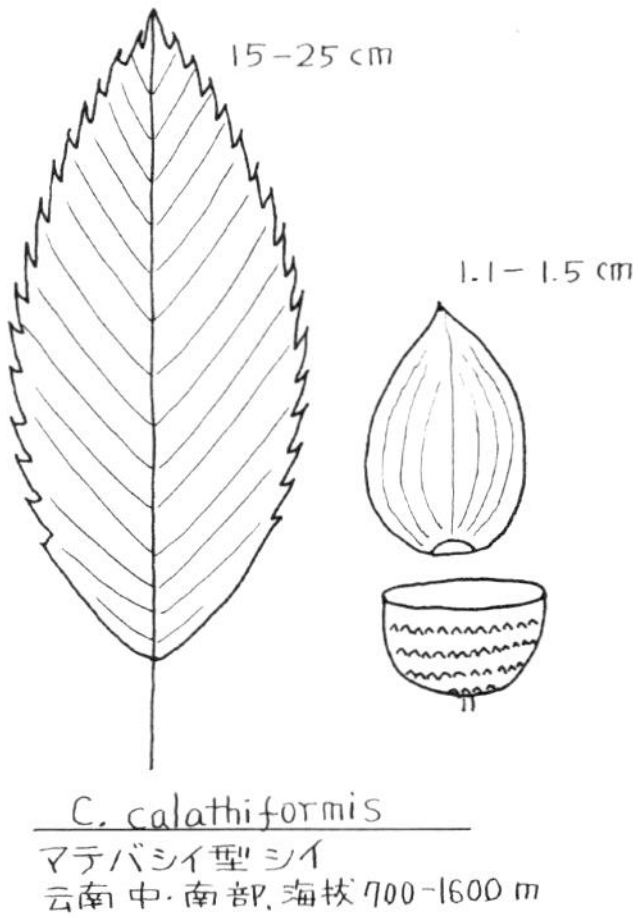

属のなかでは、むしろ例外的な形なのである。

『中国高等植物図鑑』には、実がクリ型でないシイノキが二種類記載されていた。ひとつは、マテバシイ型の実をもつもので、殻はお椀形、タネは縦長のどんぐり形で、半分以上が露出している。シイ属というより、マテバシイ属という感じがするほどである。

分類学的な植物図鑑では、種の記載順序は、原則として、原始的な種から進化した種へと配列される。『中国高等植物図鑑』では、マテバシイ型のシイノキは、シイ属の筆頭に出てくる。もっとも原始的なシイノキらしい。

このことから、シイ属は、マテバシイ属の先祖から別れて、発展分化したものではないか、と考えられる。

もうひとつの、クリ型でないシイノキは、日本のシイノキと同じタイプ、すなわち、スダジイ型である。

中国にはスダジイ型は二種しかなく、それ以外の二三種は、すべてクリ型である。

以上のことから、私は、マテバシイ型がもっとも原始的で、スダジイ型はそれにつぐ準原始的な種ではないか、という考えに到達した。

つぎに、シイ属樹種の中国での分布状況をしらべてみた。種数がもっとも多かったのは広西省の一七種、ついで広東省と貴州省の一六種、雲南省と福建省の一五種とつづく。北へ行くほど、種数は減っていく。

このことから、シイノキ類がつよい勢力を張っているのは、中国南部であることがわかる。

このうちマテバシイ型のシイノキ（*C. calathiformis*）は、雲南省の中・南部にのみ自生している。この地域がシイ属の誕生の地ではないか、と思う。

準原始種と考えられるスダジイ型（*C. sclerophylla*）のシイノキは、長江中・下流域以南の各省に分布している。これは日本のシイノキ（*C. cuspidata*）の先祖にあたる、と私はみている。

ではなぜ、日本に分布するのは原始的なスダジイ型だけで、進化型のシイノキは存在しないのだろうか。私は、その理由を次のように推理してみた。

スダジイ型シイノキは、かなり古い時代（日本の南西諸島が大陸とつながっていたころ、つまり、いまから一〇〇〇万年まえより以前）に日本に入ったにちがいない。そして、南西諸島が大陸と切り離されて

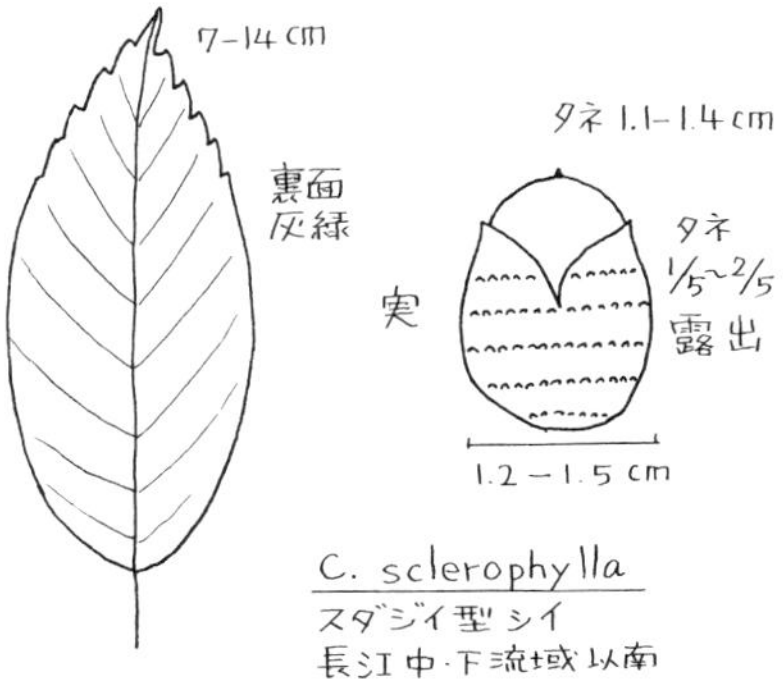

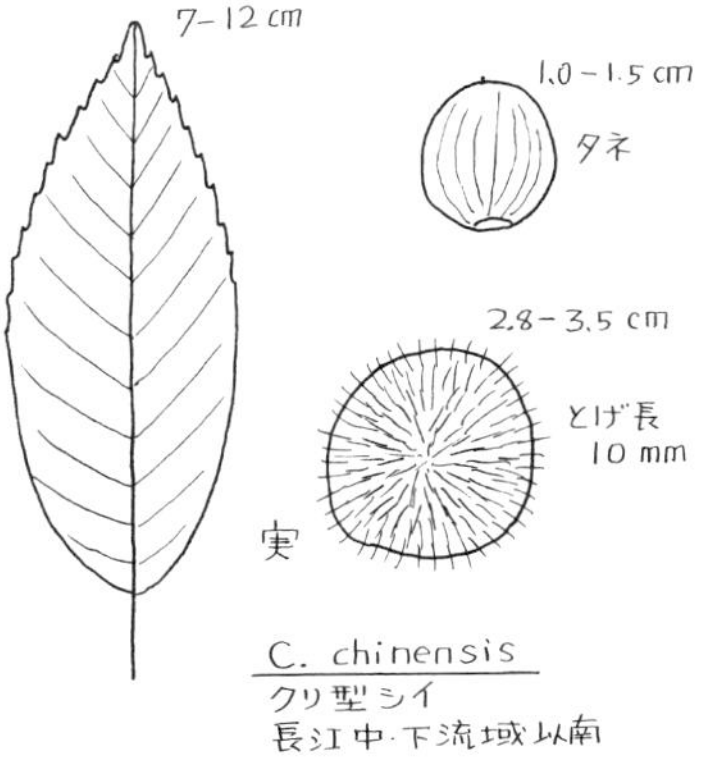

からは、大陸のシイノキ群から隔離状態となり、シイノキという日本特産の種に分化していったのだろう、と。

進化型のシイノキが日本に一種もないのは、おそらく、南西諸島が大陸と切り離された以後に誕生したからではないか、と私は解釈する。

進化型シイノキが日本列島に入ってこなかったおかげで、シイノキ一族は、日本で大発展するチャンスをつかんだ。そして、関東以西から沖縄にかけて、里山森林の主役をつとめることになった。スダジイ群団と呼ばれるほどに。

中国大陸にヤマガラがいない理由

高野伸二『フィールドガイド・日本の野鳥』で確認してみると、ヤマガラの分布地域は、日本列島のほか、朝鮮半島南部と台湾が含まれている。しかし、中国は含まれていない。朝鮮半島南部には、日本とおなじスダジイが分布しているから、問題はない。しかし、中国には、シイ属の木が豊富に存在するのに、どうしてヤマガラが生息していないのだろうか。この疑問に対して、私はつぎのような推理を考えてみた。

シイノキの森に生活しているヤマガラは、冬、シイノキのタネを主要食料にしている。それは、実の殻が割れてタネがかなり露出する、というシイ側の生活スタイルに、ヤマガラはうまく適応していることを暗示する。嘴の大きさがシイノキのタネの大きさによく対応している、というから、タネを食べる場合、まず、くちばしで殻の中からタネをくわえてつまみ出す、という行動をとるのだろう。そのあとで、タネを足で押えてつつき割り、中身を食べる、という行為につながるのではないか、と私は推測する。

もしヤマガラが、そういう採餌行動になれているとすれば、シイノキの実が、熟すと割れて、タネが十分露出しなければ、餌として利用できない。つまりヤマガラは、スダジイ型のシイノキは餌にできても、クリ型のシイノキは餌として利用できないのではないか、という疑いが出てくる。また、クリ型のシイノキは、実の殻にイガイガがいっぱいあって、ヤマガラは、恐ろしくて近づけないのではないか、とも思う。

中国大陸には、殻が割れてタネが露出するスダジイ型のシイノキは一種存在するが、進化型のシイノキに圧迫されて、山のなかで、細ぼそと生きており、ヤマガラの生活を支えるほど、豊富には存在しない、とも私はみている。

ただ、このような私の考え方には、ひとつの問題が残る。じつは、台湾にはスダジイ型のシイノキが存在しないのに、ヤマガラは分布しているからである。

『中国高等植物図鑑』によると、台湾にはカワカミシイ（*C. kawakamii*）というシイノキ一種が記載されているが、これは進化型で、スダジイ型のシイノキは存在しないようだ。もしそうなら、ヤマガラの分布範囲は、日本の南西諸島までで、台湾には基本的には生息できないのではないか、という疑いが出てくる。

しかし、シイノキの存在しない日本の東北の落葉広葉樹林でもヤマガラはすむ。つまり、ヤマガラは、日本列島西部のシイノキの森を生活の本拠地域にしている野鳥であるが、その周辺地域へも生活範囲を拡大している。その場合は、冬、シイノキにかわる食料（たとえばエゴノキ）を手に入れている可能性がある。台湾のヤマガラが、もし、シイノキに依存していないとすれば、それにかわる食料がなんなのか、そこが問題となろう。

ともかく、シイノキとヤマガラに関する私の推理の正しさを検証するためには、冬、台湾に行って、ヤマガラがごくふつうにみられるのかどうか、スダジイ型のシイノキがほんとうに存在しないのかどうか、そして、もしなければ、ヤマガラは冬、なにを餌にしているのか、など、しらべなければならない。

マテバシイ対フタバガキ

マテバシイは虫媒花？

屋久島の、海岸近くの照葉樹林には、マテバシイが多い。六月上旬、道路わきから眺めると、長い葉の群がりのなかから、白っぽい黄色の花穂が伸び出して、緑の樹冠を淡く染めているのが、よくみえる。そのころ、樹冠が白っぽくなっている樹があれば、すべて、マテバシイである。

シイやクリの花は、つよい匂いを出して、虫を引きつける。虫媒花である。昆虫マニアは、クリやシイノキの花に網をかぶせて、虫を振るい落とす。ハナカミキリの仲間がよくとれる。

昆虫マニアは、マテバシイの花でも、おなじことをするから、マテバシイも虫媒花だと思う。屋久島のマテバシイの花からは、どんなハナカミキリがとれるのだろうか。

マテバシイの戸籍上の位置

前章で、シイ属の先祖はマテバシイではないか、と推理した。シイノキより古いとなると、マテバシイはもう、そうとう原始的な種族ということになる。ところで、マテバシイ類は、現在、どこで、どのような生活をしているのだろうか。

日本には、マテバシイ属（*Lithocarpus*）は二種存在する。マテバシイとシリブカガシである。シリブカガシ（*L. glabra*）は、本州（関東以西）・四国・九州・沖縄に分布し、台湾・中国にも存在する。マテバシイ（*L. edulis*）は、日本特産で、それも自生は九州と沖縄だけらしい。ただ、どんぐりが食料になるということで、むかしから、人間が各地に植栽しているらしく、それが野生化して分布を広げている、ともいわれている。

どんぐりの形は、カシ・ナラ類に似ている。だから、マテバシイは、カシ・ナラ類とつながっていると思うが、どんぐりのお椀の模様は鱗型で、カシ類より、ナラ類に近い。

花は、六月、新葉とともに、穂状になって樹冠の上に伸び上がってくる。これは、シイやクリの花に似ている。花期は、シイノキより遅く、クリより早い。

結局、マテバシイは、ナラ類とは親戚で、シイの先祖、ということになる。

『日本古生物図鑑（学生版）』をしらべてみると、新生代始新世（古第三紀の前半）に山口県でアケボノマテバシイが出土している。これは、現世のマテバシイに近い種だという。いまから四〇〇〇万年まえには、すでに、マテバシイの先祖は誕生していた。

もっとも、四〇〇〇万年まえといえば、日本列島はまだ形成されていない。日本は大陸の一部である。アケボノマテバシイは、大陸生まれということになる。マテバシイ属のなかでも、古型の種ではないか、と思う。

中国のマテバシイ属

では中国大陸には、現在、どんなマテバシイ属の種が存在するのだろうか。『中国高等植物図鑑』をひもといてみると、マテバシイ属は、なんと二八種も記載されていた。広東、広西、雲南を中心に分布しているところをみると、照葉樹林の一員といっても、カシ類やシイ類の分布域より、やや南に位置しているようにみえる。

そのうち、***L. brevicaudatus***という種は、化石アケボノマテバシイに近いという。日本のマテバシイの本家と考えたい。

結局、中国二八種のうち、日本に来ているのは、シリブカガシとマテバシイの二種しかない。それ以外の二六種は、日本に入っていない。その点、多数の種を送りこんでいるカシ類とは、様子がかなり異なる。

マテバシイ属は、カシ類とおなじくらい古いから、多くの種が日本に入ろうと思えば、入れたはずである。おそらくマテバシイ類は、北方の日本より、南方の熱帯のほうが好きなのであろう。

マテバシイ属のふるさとは、もしかしたら、東南アジアの熱帯ではないか。そんな気がして、文献をたよりに、東南アジアの熱帯林の樹種構成をしらべてみた。

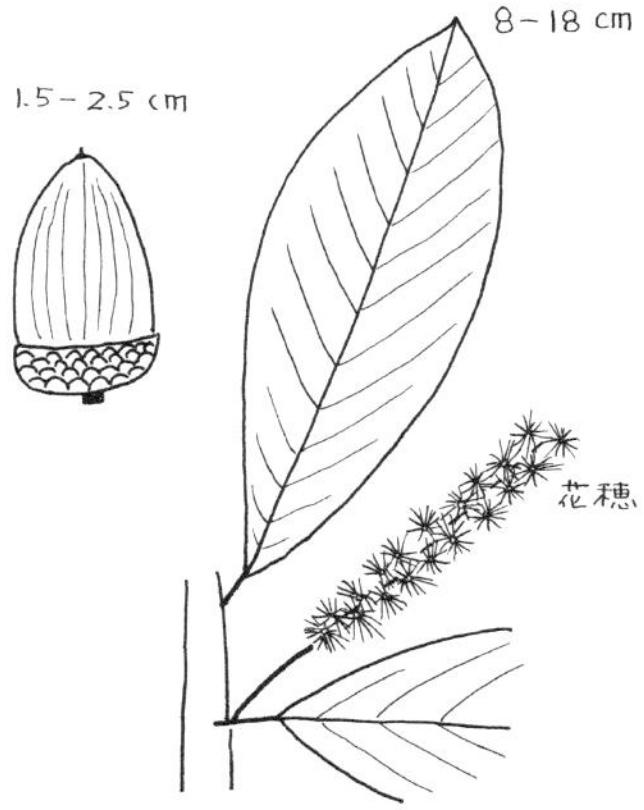

マテバシイ Lithocarpus edulis

ボルネオ島のマテバシイ

E. Cranbrook & D. Edwards『熱帯雨林』によると、ボルネオ島ブルネイの森は、つぎのような樹種構成になっている（高山岳林は除く）。

A　低地林：標高五〇〇メートル以下
フタバガキ科混交林。フタバガキ科の樹木が支配しているが、とくに優占する樹種はない。フタバガキ科には一二属二六七種もの樹種が存在する。そのうち一五五種はボルネオ特産である。

B　低山岳林：標高五〇〇〜一〇〇〇メートル
次の三つのタイプの森林が認められる。
①フタバガキ林：優占種 *Shorea coriacea*（フタバガキ科）
②ナンヨウナギ林：優占種 *Agathis dammara*（ナンヨウスギ科ナンヨウナギ属）
③オーク・クス林：優占種を欠く
この本では、マテバシイ類とカシ類をまとめてオークと呼んでいる。オーク林には、カシ属、マテバシイ属、マキ科、クスノキ科などの属科が混在するが、そのなかでも、マテバシイ属は個体数がかなり多いらしい（種数は不明）。マテバシイ属がボルネオ島の低山岳林で、重要な存在になっていることがわかった。

ジャワ島のマテバシイ

インドネシア・ジャワ島の森はどうか。
T. Whitten et al.『ジャワ島とバリ島の生態』によると、低地林は、やはりフタバガキ科の樹木に占領されている。しかし、低山岳帯には、マテバシイ属の優占林がみられるという。

ジャワ島には、マテバシイ属の種が一八も存在する。ほかに、カシ類、シイ類、クスノキ科、モクレン科、マンサク科、マキ科などが混交する。

ジャワ島のマテバシイ属の種数は、雲南省のそれと、ほぼ同数である。かなり勢力を張っていることがわかる。ボルネオ島には、マテバシイの優占林がないことから考えると、種数は、ジャワ島のほうが多いと思う。

フタバガキ科樹木がつよい勢力を張るボルネオ島では、マテバシイは活躍しにくいようにみえる。東南アジアの島じま（モンスーンの影響を受けない）にみられる熱帯雨林では、低地帯はフタバガキ科樹木が占領しており、マテバシイの林は山岳林帯にみられる。これは、マテバシイ類が、フタバガキ科によって低地帯からおい出され、山岳地帯に逃げこんでいることを暗示する。

フタバガキって、なにもの？

マテバシイ類のふるさとを探していて、フタバガキ科の存在が気になってきた。フタバガキって、どんな樹木？　シンガポールも、かつては熱帯雨林の島だった。その残片が、植物園やブキ・ティマ自然保護区に残っている。そこに、でっかいフタバガキ科の木がみられる。

B. Tinsley『シンガポールの緑』は、植物園を紹介した本であ

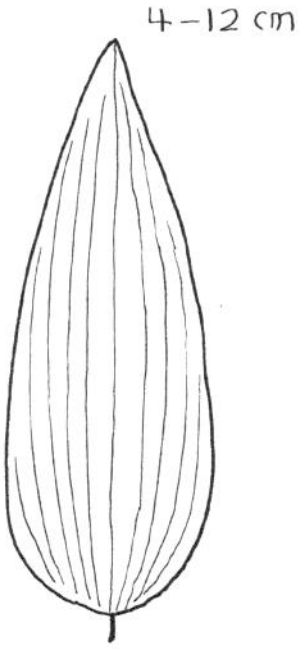

ナンヨウナギ　Agathis dammara

るが、わずかに残った熱帯雨林の林床で、フタバガキ科の一種*Shorea macroptera*のタネがみられること、それは、三枚の羽をもち、バトミントンのシャトルコックにそっくりであること、が書いてある。**I. Polunin**『シンガポールの植物と花』には、フタバガキ科の一種***Dipterocarpus grandiflorus***のタネと落ち葉の写真が出ていた。タネの羽は二枚だった。

フタバガキ科の樹木は、高すぎて、樹冠に咲く花は、下からみることはできないが、林床に落ちている、でっかいタネから、その存在をうかがうことができる、というわけだ。ただ、花が咲くのは、数年に一度というから、タネも、簡単にはみられないかもしれない。

葉の形は、一般に、単純なものが多く、どれも似ていて区別できない、というが、上述の***D. grandiflorus***の葉は、縁が波うち、波の凹んだところに、側脈の先端が伸びてくる、という点で、ブナそっくりにみえる。ブナをでっかくしたような落ち葉を探せば、みつかるかもしれない。

フタバカキ科の遍歴

フタバガキ科は、もともと、アフリカ大陸で、細ぼそと生きていた木らしい。いまから四〇〇〇万年まえ、大陸移動でアフリカ大陸の一部が切り離され、それがインドに接合したとき、フタバガキはインドに上陸する。

その後、海岸ぞいに東進し、東南アジアの島じまに入り、その湿性熱帯環境が体質にあって、低地帯で大発展することになる。現在は、一二属、四七〇種を数えるまでになった。発展の中心地はボルネオ島である。

もしかしたら、フタバガキ科の樹木がやってくる以前は、東南アジアの熱帯低地林は、マテバシイ属の支配する森ではなかったか、と思う。

マテバシイ属も、カシ類同様、新生代古第三紀に栄えた、かなり古い植物なのである。だから、マテバシイ属のもともとのふるさとは、熱帯の低地帯だった、という考え方もなりたつ。

そしてそのころ、熱帯東南アジアの山岳林を支配していたのは、ナンヨウスギ科ナンヨウナギ属とマキ科の針葉樹であった、と思う。これらの針葉樹は、マテバシイ属よりさらに古く、中生代白亜紀に栄えた樹木である。熱帯東南アジアの島じまの山岳林は、現在、そんな古い植物のたまり場になっているようだ。マテバシイのふるさとも、現在は、そんな山岳林に残っている、といえそうである。

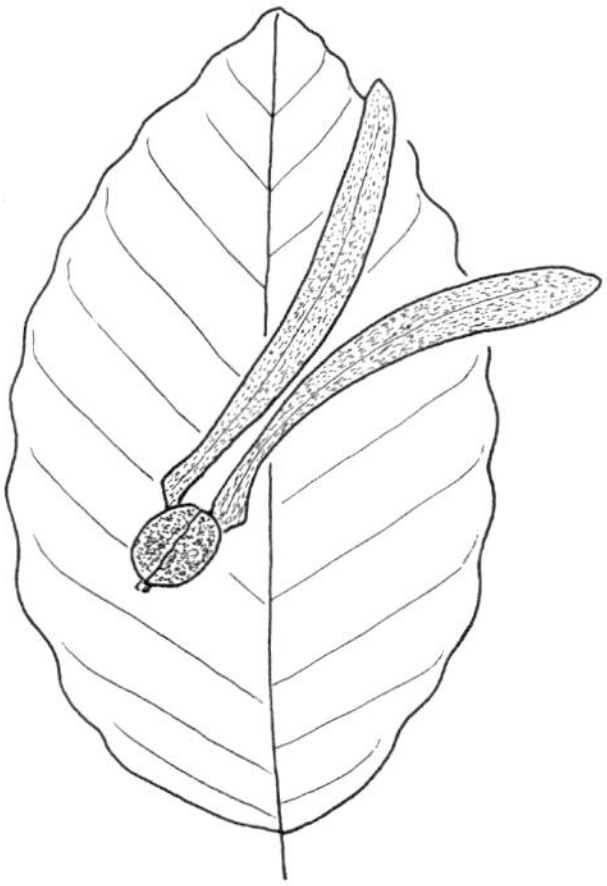

Dipterocarpus grandiflorus
フタバガキ科　葉とタネ
P.I.『シンガポールの植物と花』より

フタバガキ科は、インドシナ半島に近づくと、種数が大幅に減ってくる。モンスーンの影響を受ける地域（乾季と雨季が交互にやってくる）では、フタバガキ科はうまく生きていけないらしい。

中国雲南の熱帯雨林のなかに、望天樹という名の高木がある。フタバガキ科 ***Shorea*** 属の木である。しかし、数はきわめて少ないらしく、国家第一級の保護樹にされている。

日中サクラ物語

日中サクラ比較

大理の胡蝶泉へいたる歩道で、サクラの並木をみた。この並木をみて、中国人も、サクラに関心をもっていることを知った。もし、中国人のサクラをみる気持ちが、日本人のそれと異ならないとすれば、それはきっと、サクラという樹のなせるわざにちがいない。サクラの花は、それだけ魅力的といえる。

翌日、麗江の玉竜雪山の中腹にある雲杉坪《ウンサンピン》にのぼって、レイコウトウヒの森のなかで、ミヤマザクラとシウリザクラ（白い花が咲いていた）らしきサクラをみた。中国の自然も、日本とかわらず、野生のサクラ類が、ごくふつうに存在することを知った。

サクラはバラ科サクラ属（*Prunus*）にぞくする。しかし、*Prunus*属には、サクラ以外に、ウメ、モモ、スモモ、アンズなども含まれている。この属の特徴は、果実にタネが一つ、という点にある。リンゴは、一つの果実に数個のタネを含むので、別の属（*Malus*）となる。

欧米は日本をサクラ天国と呼んでいる。ほんとうにそうなのだろうか。中国の植物図鑑から、*Prunus*属の種類を抜き出し、日本のそれと比較してみた。結果は表4のようになった。

*Prunus*属全体の種数（野生種）は、中国二五、日本一五で、中国が優勢であった。その理由は、中国にあるウメ・モモ・アンズ類とニワウメ類が日本にはまったく存在しないことにある。しかし、落葉性のサクラ類だけに限ってみれば、中国一〇に対して、日本一三となって、日本のほうが、優勢となる。なかでも、ミヤマザクラ系の優勢がめだった。

日本で発展したミヤマザクラ系

ミヤマザクラ系は、葉縁の鋸歯が欠刻状になることで、ヤマザクラ系（鋸歯は比較的単調で、連続的）と区別できる。図鑑類をしらべてみると、中国にはミヤマザクラ一種しかないのに、日本にはミヤマザクラを含めて四種あり、うち三種（チョウジザクラ、ミネザクラ、フジザクラ）は日本特産種となっている。

これら三種のサクラは、中国に、先祖らしきもの、あるいは親戚らしきものがない。中国の親戚は滅亡してしまったのか、それとも、これらミヤマザクラ系のサクラは、日

表4　日本・中国　サクラ属（Prunus）の種比較　（西口作成）

系統	中国		日本			
1 モモ,ウメ,アンズ類	8種		0			
2 ニワウメ類	6種		0			
3 ヤマザクラ類						
①カンヒザクラ系	1種		0			
②ミヤマザクラ系	1種		4種			
P. maximowiczii		同		ミヤマザクラ	P. max.	
				ミネザクラ	P. nipponica	日本特産
				フジザクラ	P. incisa	日本特産
				チョウジザクラ	P. apetala	日本特産
③ヤマザクラ系	4種		5種			
P. serrulata 桜花		近		ヤマザクラ	P. jamasakur	日本、朝鮮南部
P. pilosiuscula				エゾヤマザクラ	P. sargentii	日本、朝鮮
P. pseudocerasus				カスミザクラ	P. leveilleana	日本、朝鮮
ほか				オオシマザクラ	P. lannesiana	日本特産
				エドヒガン	P. spachiana	日本特産
④ウワミズザクラ系	5種		6種			
P. grayana		同		ウワミズザクラ	P. grayana	
P. padus		同		エゾノウワミズザクラ	P. padus	
P. ssiori（東北部）		同		シウリザクラ	P. ssiori	
P. maackii				イヌザクラ	P. buergeriana	日本特産
	25種（10）		15種（13）	（落葉性サクラ種数）		

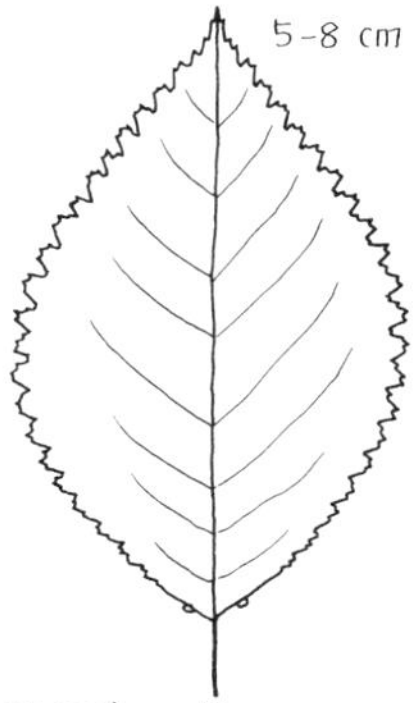

ミヤマザクラ P.maximowiczii

本という風土のなかで、地域ごとに隔離され、特殊化して、それぞれの種に発展・進化したのだろうか。

ミヤマザクラ系四種は、ミネザクラは高山帯に、ミヤマザクラはブナ帯に、フジザクラは富士・箱根（特異な火山地帯）に、そして、チョウジザクラは里山に、というように隔離分布している。隔離分布は、その種群が原始的で、よわい性格のもち主であることを示している。　私は、玉竜雪山の雲杉坪で、葉縁の鋸歯が欠刻状になっているサクラをみた。そのときは、ミヤマザクラ（*P. maximowiczii*）だろう、と単純に考えていたのだが、帰国してから、『中国高等植物図鑑』をしらべてみて、ミヤマザクラは東北部にしか自生しないことを知った。しかも中国には、ほかにミヤマザクラ系のサクラが存在しない。では、私が雲南でみたミヤマザクラに似たサクラはなにものなのか。

私は、ミヤマザクラが、中国の東北部と西南部の山岳域に、遠く離れて隔離分布しているのではないか、と勝手に考えている。

ヤマザクラ系も隔離分布

ヤマザクラ系では、中国四種に対して日本は五種で、やや日本のほうが優勢である。そして特筆すべきことは、ヤマザクラ系は日中に共通種がひとつもない、という点である。日本では五種のうち二種、エドヒガンとオオシマザクラが日本特産となっている。

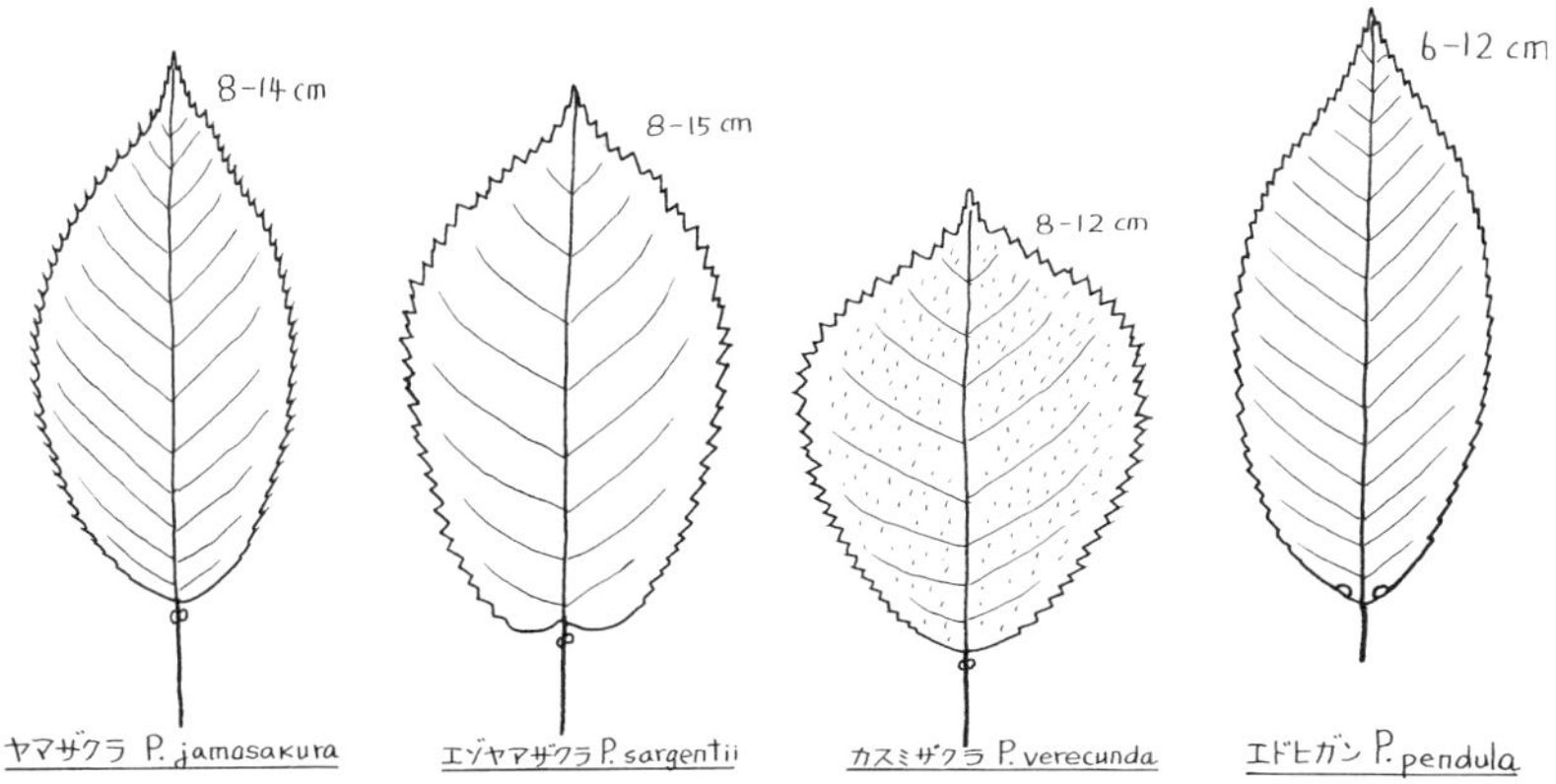

花の白いカスミザクラと花の紅色のエゾヤマザクラは、日本のほかでは、朝鮮半島とサハリンにだけ分布する。この二種は、日本海周辺の環境に適応し、その地域の特産種に進化したものだろう。つまり、日本海周辺特産といえる。

どちらも、葉は幅が広く鋸歯は三角形で大きい。カスミザクラは、葉に短毛があり、さわるとザラザラした感じがある。これらの先祖か親戚にあたる種が、おそらく中国に存在すると思うのだが、中国のどの種がそれにあたるのか、現在の私はまだ勉強不足で、推理を働かせる力がない。

ヤマザクラ（*P. jamasakura*）は、日本の関東以西の暖地と朝鮮半島南部にのみ産する。照葉樹林帯のサクラである。日本列島準特産といえる。葉は幅がやや狭く、すらりとしており、鋸歯は細く、先端がのぎ状に伸びているので、カスミザクラやエゾヤマザクラと区別できる。

日本のヤマザクラによく似たサクラが中国にもある。*P. serrulata*という種である。中国名は櫻花という。どうやら、日本のヤマザクラは、この*P. serrulata*を先祖にして、分化・発展したものらしい。

ウワミズザクラの花

ヤマザクラという種は、ヤマザクラ系のなかでは、もっとも原始的ではないかと思う。先祖ヤマザクラは、早い時代に、中国から、朝鮮半島を経由して、日本に渡来しているが、あとからやってきたエゾヤマザクラやカスミザクラに追われて、暗い照葉樹林帯に逃げこんだ。サクラ類は、もともと陽樹だから、暗い照葉樹林までは、追っかけてこない。先祖ヤマザクラは、照葉樹林のなかで、隔離されて、特殊化して、現在のヤマザクラに進化した（西口『森の命の物語』）。

このヤマザクラが、現在、西日本で繁栄しているのは、人類が出現して、森林を伐採するようになってからだと思う。照葉樹林帯でも、陽樹にとって好ましい環境が増えてきたのである。

もうひとつの日本特産種・エドヒガンは、葉柄が短く、ふつうは葉柄にある蜜腺（小さい疣状のもの）が葉身の基部にあるなど、ほかのヤマザクラ類とは、形がかなり異なる。エドヒガンは、シダレザクラ類の原点、とでもいうべき種類だが、どこから来たのか、なにから進化したものか、図鑑類を一生懸命しらべてみたが、まったく見当がつかない。なぞに満ちたサクラである。

シウリザクラ分布のなぞ

ウワミズザクラ系（落葉性）は花が穂状になって咲くサクラ類である。中国に四種、日本に四種ある。日中、ほぼおなじ勢力といえる。しかも、イヌザクラ以外の三種（ウワミズザクラ、エゾウワミズザクラ、シウリザクラ）は日中共通種である。共通種であるということは、ウワミズザクラ類の分布が、中国から日本にかけて連続していることを示している。つまり、一般の森林内にごくふつうに、広範囲に生息しているのである。

私は、麗江の雲杉坪でシウリザクラらしきサクラをみている。『原色樹木大図鑑』によると、シウリザクラは、日本のほか、中国の東北部とウスリーに分布するとある。しかし、『中国高等植物図鑑』には、雲南にシウリザクラ（または近縁種）が分布するという記載はない。

では、私が雲杉坪でみたシウリザクラらしきサクラは、なにものなのか。この疑問は、ミヤマザクラで生じた疑問と、まったくおなじである。シウリザクラも、中国の東北部と雲南の山岳地帯に隔離分布しているのではないか、と思う。私は、解決すべき問題を二つ、麗江に残してしまった。いつかまた、雲杉坪に行かねばならない。

ウワミズザクラ系に対して、ヤマザクラ系は、分布が連続せ

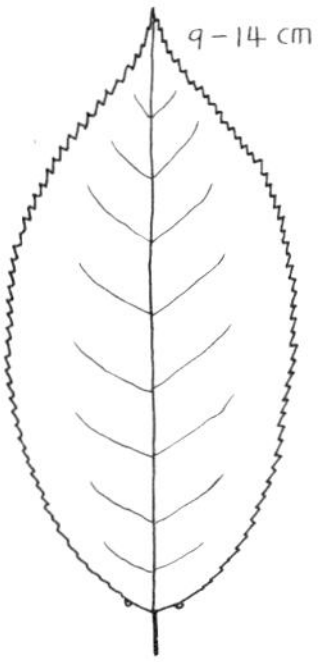

ウワミズザクラ P. grayana

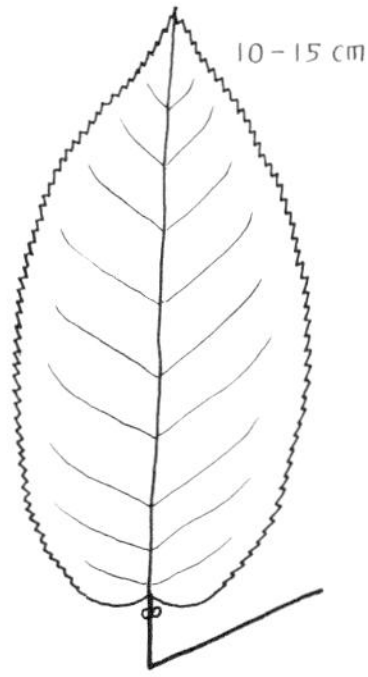

シウリザクラ P. ssiori

ず、隔離状態になりやすい。これは、ヤマザクラ系の分散力がウワミズザクラ類より劣るからだと思う。

ウワミズザクラ類もヤマザクラ類も、タネの分散は小鳥に依存している。もし分散力に差があるとすれば、小鳥に対する魅力性に差があるのかもしれない。ウワミズザクラ類の実は、野鳥に好まれる。それで、欧米では、ウワミズザクラ類のことをバードチェリー呼んでいる。欧米でチェリーといえば、ふつうは、ウワミズザクラをさす。

最近、山形大学大学院のKさんから、おもしろい話を聞いた。かの女は、ウワミズザクラとカスミザクラの、林のなかでの実生率を研究していて、ウワミズザクラのほうが実生がよく、それは、苗の耐陰性がより高いことに原因するのではないか、というのである。これは、重要な指摘だ。このようなデータがそろってくれば、森のできごとの理解を、より深めていくことができる。

いずれにしても、ウワミズザクラ系の分布は連続的・世界的で、ヤマザクラ系の分布は隔離的で、東アジア中心になっている。それは、ウワミズザクラ系の分布戦略の勝利を意味する。

ヤブツバキ、日本へ渡る

茹苦茶

雲南は、中国茶のふるさとである。ある山には、樹齢二〇〇〇年を超えるチャの自然木があるという。昆明のまちで、中国茶のひとつ、茹苦茶《にょくちゃ》を買った。これは自然木のチャノキから採葉したものだという。巻き葉を二粒、湯のみに入れて、湯を注ぐ。淡い緑色が快い。飲んでみると、かすかな甘味とともに、かなりつよい苦みがあった。しかし、それほどいやな苦みではなかった。

この茶の苦みは、キハダの苦みとおなじように感じた。つまり、苦みの成分はベルベリンではないか、と思う。効能書を読んでみると、精神安定、心血管疾病、糖尿病に効く、とある。ベルベリンは、殺菌性のつよい成分である。

茶は癌にも効くという。茶ほど、人間の健康にいい働きをする植物は、ほかにない。茶は、中国人が開発した最高の飲みものである。そのことを、日本人の体が知っている。

チャノキはツバキ科ツバキ属にぞくする。ツバキとおなじ仲間の樹なのである。ツバキ属（*Camellia*）は、チャ、ツバキ、サザンカの三つのグループを含む。三つのグループは、花の構造が少しずつ異なる。

チャ類には花に短い柄（花梗）があるが、ツバキ類とサザンカ類には花梗がない。ツバキ類とサザンカ類は多数のおしべを出すが、ツバキ類はおしべを結束し、花弁も筒状に連結していて、花弁がばらばらに落ちることはない。サザンカ類は、おしべは基部で接着しているが、束になることはないし、花も筒状にならず、花弁はばらばらに落下する。

『中国高等植物図鑑』によると、中国には、チャ類が七種存在する。その代表がチャノキ（*C. sinensis*）というわけである。日本には天然のチャノキはないらしい。九州にチャノキの自生地があるといわれているが、疑わしいという見方もある。薬樹だから、日本でも、かなりむかしから植栽されており、それが野生化しているのだ。

サザンカ類の隔離分布

サザンカは、完全に暖温帯の木と思われる。ある年の冬、屋久島の森のなかで、ひっそり咲くサザンカの花を見た。その清楚な白花に感動したことをおぼえている。

日本にはサザンカ類は二種存在する。サザンカとヒメサザンカである。サザンカ（*Camellia sasanqua*）は、四国・九州の南部から、南西諸島の奄美大島あたりまで分布する。それより南の沖縄ではヒメサザンカ（*C. lutchuensis*）にかわる。

中国には、サザンカ類が七種存在する。サザンカのふるさとも、中国南部にある、といえる。

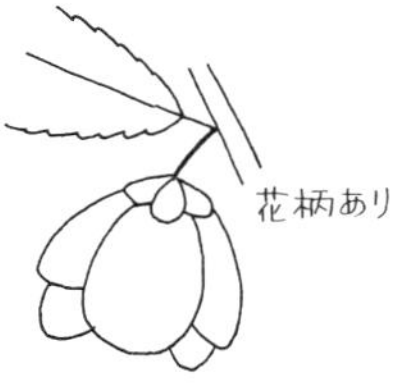

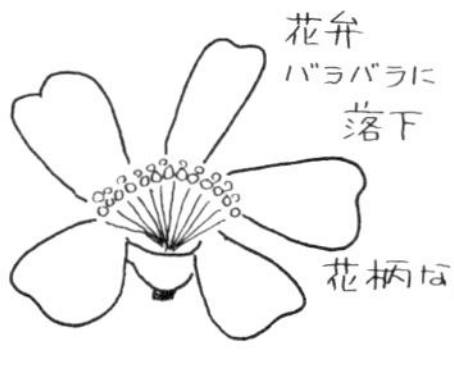

サザンカ類の分布は隔離的である。形の似た近縁の種が、地域ごとに、種を違えながら、日本の四国・九州から、南西諸島・台湾をへて、中国大陸の南部にまで分布している。

ひとつの地域で、別べつの二種が混在することはない。これは、サザンカ類の分布が、地域ごとに隔離分布していることを示している。隔離的分布は、サザンカ類が古型の植物であることを物語っている。

サザンカ類の先祖は、おそらく、ヤブツバキよりひと足早く、南西諸島に入り、九州・四国にまで広がっていたらしい。それが、時代の経過とともに、地域ごとに隔離状態となり、別の種に分化していった、と考えられる。隔離状態になった最大の原因は、あとからやって来たヤブツバキに分断されてしまったためではないか、と私は推理する。

サザンカは、自然の植物社会では、競争力のよわい生きものだが、東北の仙台周辺でも、家の生け垣に植えると、すごく生き生きと生育する。少しぐらいの寒さには負けないつよさがある。その忍耐力は賞賛できる。ちなみに、宮城県多賀城市の市花はサザンカである。

ウンナンヤブツバキ

ツバキ類は、日本に一種、中国に五種存在する。

その中国のツバキ類のなかに、*C. reticulata*という種がある。それは、もっとも原始的な種で、自生地は雲南にしかなく、それも、暑さ寒さによわく、常春の国といわれる昆明周辺の里山に、細ぼそと生きているだけだという。

そして、私の興味をかきたてたのは、これが、日本のヤブツバキにごく近縁の種だ、という記事である。

これは、私には初耳の話だった。そこで、両者の密接な関係を示すために、私はこのツバキに「ウンナンヤブツバキ」という和名を与えたいと思う（日本の樹木図鑑には、トウツバキという名で出ている）。

私たちは、今回の旅では自然のウンナンヤブツバキを見ることはできなかったが、昆明の植物園の一隅で、大切に保護されているウンナンヤブツバキの一群をみた。花期でなかったので花はみられなかった。葉をしらべてみると、日本のヤブツバキにくらべて、やや薄く、鋸歯はやや鋭かった。

日本のヤブツバキの先祖が、日本から遠く離れた雲南の地に生きている。そして、日本に自生するツバキは、このウンナンヤブツバキの血をひく原始的なヤブツバキただ一種だけで、進化したツバキ類は存在しない。

それは、なぜだろうか。考えられる理由は、シイ属の場合とおなじである。その理由を推理する手段として、中国には、どんな種類のツバキ類が、どこに分布しているのかをしらべ、地図に書きこんでみた。それが次ページの図に示されている。

ツバキ類の種数がもっとも多かったのは雲南だった。原始的なウンナンヤブツバキを含めて四種あった。雲南が、ツバキ類のふるさと、とみた。

進化したツバキは、雲南から、広西、広東をへて、浙江省まで広がっていた。

ヤブツバキ、日本へ渡る

ヤブツバキの先祖・ウンナンヤブツバキは、南西諸島と大陸が陸つづきであったころ、日本列島に入ってきた。その後、南西諸島は大陸から分離し、ウンナンヤブツバキは、大陸のツバキたちとは隔離状態に

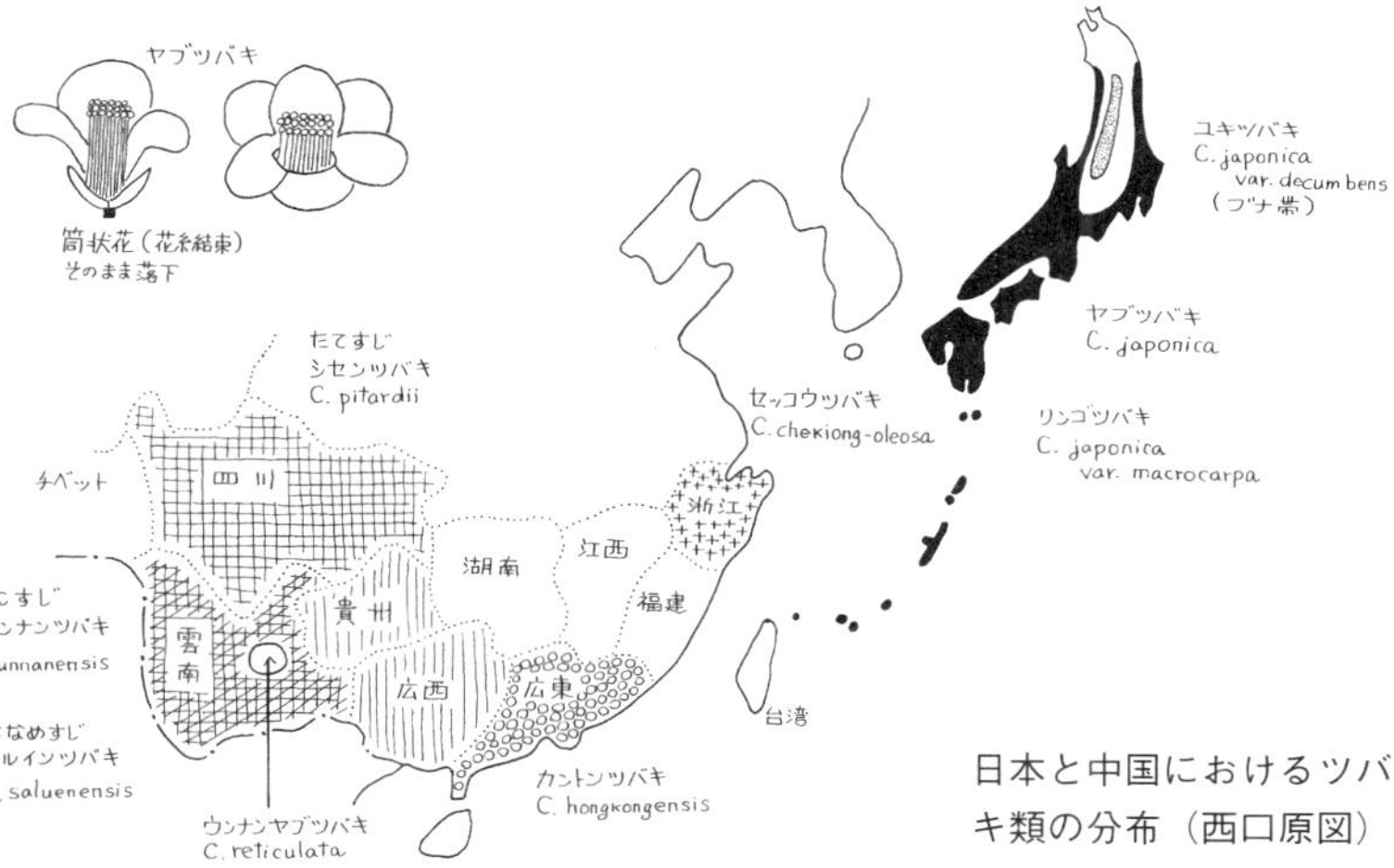

日本と中国におけるツバキ類の分布（西口原図）

なり、独自の形に進化して、現在のヤブツバキ（*Camellia japonica*）という種になった。

一方、進化したツバキ類は、誕生したときはすでに、八重山諸島と台湾のあいだに、深い海峡ができていて海を渡れなかったのである。

これが、私の推理である。

進化ツバキが入ってこなかったおかげで、ヤブツバキは、青森から沖縄まで、日本全国津々浦々に勢力を拡大することができた。とくに西日本の海岸地域はヤブツバキの独断場で、タブ林の下から海岸の水際まで豊富にみられる。四国の足摺岬では、背丈も高く伸びて、ヤブツバキの林を形成している。

植物社会学では、西日本の、常緑広葉樹林帯の植生を、「ヤブツバキクラス」という名で規定する学者もいる。区分わけにヤブツバキが採用されているのである。

ヤブツバキは、さらに石川・新潟から山形・秋田にかけての、雪深いブナの森に入りこんで、背の低いユキツバキに変身する。これは、ヤブツバキの雪に適応した姿である。ヤブツバキという種族は、古い植物でありながら、いまもなお、活力があり、柔軟性もある生きものであることを示している。

「越後の雪椿」という歌謡曲がヒットしていたときの話。ある歌手が舞台でしゃべっていた。雪どけのころ咲くユキツバキの、純白の花はすばらしいと。

その年の五月、私は、連休あけに新潟県の胎内渓谷を訪ねた。ユキツバキの花が咲くという話をきいて、やってきたのだ。

渓谷は、雪どけ水がとうとうと流れていた。渓谷の急斜面や台地の上は、ブナの新緑でおおわれていた。林道わきの森のなかを歩いてみた。林床は、光沢のあるユキツバキの葉で占められていた。あちこちで、ユキツバキの花が咲いていた。まっ赤な花だった。

名は体をあらわす、というが、ユキツバキは、まったく、その逆だった。ユキツバキは、ヤブツバキという種の、単なる一派にすぎないことを知った。ユキツバキという名前にだまされるとは、私もうかつだった。

林道の上を、ギフチョウが飛ぶのを見た。ブナの森でギフチョウをみるとは、考えてもいなかったので、びっくりした。このあたりのギフチョウの幼虫は、コシノカンアオイを餌としているのだろう。

ブナという樹は、中国から日本にやってきて、日本海側の豪雪に耐えて、ブナ王国を築いた（西口『ブナの森を楽しむ』）。

常緑広葉樹のヤブツバキも、中国からやってきて、豪雪に保護してもらって、ブナ帯にユキツバキ別荘地を構築した。

林床植物のカンアオイは、日本生まれの、常緑の草であるが、これも、雪のおかげで、ブナの森までやってきて、ユキツバキの同居人になった。

そして、ギフチョウの先祖は、中国の雲南から出てきて、はるばる日本列島までやってきて、本州でカンアオイと出会った。そして、ギフチョウが誕生した。

ブナとツバキとギフチョウの組み合わせは、おもしろい、と思う。それぞれの生きものが、それぞれの歴史を背負いながら、越後の山で、いっしょに生活しているのである。

日本列島では、ヤブツバキやシイノキのように、古いタイプの常緑広葉樹が植物社会の主役をつとめている。日本列島は、単なる、古い植物のたまり場ではない。古い植物が、元気に活躍している舞台なのである。それが、日本列島の特異性なのである。

ウンナンシボリアゲハからギフチョウへ

シボリアゲハの標本と遭遇

平成十一年九月、私は、雲南への旅に出るまえのひととき、中国西南部の蝶をしらべていた。しらべた本は蝶の専門書ではなく、子供むけの図鑑である（学研『世界のチョウ』、小学館『世界のチョウ』）。けっこう楽しくて、大人が読んでもたいへん参考になる。

その図鑑を眺めていて、私の興味をつよくひいた蝶がいた。シボリアゲハという蝶であった。なぜ、この蝶が私をひきつけたのか、うまく説明できない。その形と色彩に、ふしぎな魅力を感じたのだ。そして、つぎのような解説を読んで、興味は倍加した。

「世界には珍しいチョウがたくさんいるが、シボリアゲハはとくに珍しく、ヒマラヤからタイ、中国西南部（雲南省、四川省）の標高一二〇〇〜二五〇〇メートルの山地に生息している。幼虫や蛹は、まだ見つかっていない。雲南省でただ一頭発見されているウンナンシボリアゲハ（のち一九八一年に日本の登山隊が四川省で一四頭採集し大きな話題になった）は、日本のギフチョウやヒメギフチョウにも似ている。ギフチョウ属の先祖ではないかと考えられているが、なぞの多い蝶である。幼虫はウマノスズクサ類を食べると推定されている。」

私の頭には、ウンナンシボリアゲハという蝶名がこびりついてしまった。

西双版納《シーサンパンナ》（雲南省の南部地域）の一日目は、モーロンの熱帯植物園にむかった。バスはメコン川にそって下っていく。途中、バスは、でっかい観光物産店に立ち寄った。さまざまな果物を売る露店も賑わっていた。室内の土産物で私の興味を引いたのは、おびただしい数の蝶の標本箱であった。箱のなかには、華麗な熱帯の蝶が並んでいた。私は、ほかの土産物を買う気持ちもなく、蝶の標本を眺めて時間をつぶしていた。

その標本箱のなかに、なんと、シボリアゲハがあった。おびただしい数の蝶のなかに、三頭まじっていた。珍蝶のなかの珍蝶が三頭も。瞬間、ウンナンシボリアゲハと思った。場所が雲南だったから。私は、実物を目にするとは、予想もしていなかったので、ひどく興奮してしまった。買おうか、と思ったが、ワシントン条約にひっかかるのではないか、とも思って、買うのを止めた。

ブータニティスからユンナニティスへ

日本に帰って、シボリアゲハ類をもう一度しらべなおしてみた。シボリアゲハ属は、学名をブータニティス（*Bhutanitis*）という。おそらく最初の発見地はブータンだったのだろう。シボリアゲハ属は世界で四種知られている。そのうち三種が中国にいる。

比較的生息数の多いのは、シボリアゲハ（*B. lidderdalii*）という種で、ヒマラヤ南部からミャンマー北部・タイ北部・中国雲南にかけて生息している。中国にはもう一種、四川省および長江流域北部にチュウ

ウンナンシボリアゲハ
Yunnanitis mansfieldi

ゴクシボリアゲハ（*B. thaidina*）が生息している。

ウンナンシボリアゲハは、学名を*Bhutanitis mansfieldi*といい、前述のように、雲南省と四川省に希産する。

これら三種はシボリアゲハ属（ブータニティス）としてまとめられているが、P. Smartは、その著書『蝶の世界』（Butterfly World, 1991）のなかで、ウンナンシボリアゲハはギフチョウ属（ルードルフィア *Luehdorfia*）にぞくするのではないか、と疑問符（?・）をつけている。

つまり、ウンナンシボリアゲハは、シボリアゲハ属とギフチョウ属の両方の性質をもつらしい。このことから、私は、ウンナンシボリアゲハは、シボリアゲハ属とギフチョウ属の共通の先祖ではないか、という考えをもつにいたった。とすると、ウンナンシボリアゲハは ブータニティス属でもなく、ルードルフィア属でもなく、別の独立した属にすべきではないか、という考えが生まれてくる。

平成十二年五月、二回目の雲南への旅で、私たちは大理の蝴蝶館に立ち寄った。そこでウンナンシボリアゲハの標本をみた。ラベルには*Yunnanitis mansfieldi*となっていた。なんと、新属名として、雲南の名（ユンナニティス）が使われているではないか。これは、ウンナンシボリアゲハが、ふつうのシボリアゲハ属でもなければ、ギフチョウ属でもないことの強い意志表示に思えた。この意志表示は、私の考えと一致するものであり、おおいに歓迎したい、という気持ちで受けとめた。

ギフチョウを考える前に

日本には、暖温帯にはギフチョウ（*Luehdorfia japonica*）が、冷温帯にはヒメギフチョウ（*L. puziloi*）が生息している。春、ヤマザクラの花が咲くころ、出現する。かわいい姿で、春の女神と呼ばれている。中国には、長江流域に広くチュウゴクギフチョウ（*L. chinensis*）が、そして、東北部にはヒメギフチョウ（*L. puziloi* 日本のヒメギフチョウと同種）が分布している。ところが最近になって、陝西省（華北の西部）にオナガギフチョウ（*L. longicaudata*）という種の存在することがわかった（青山潤三『中国のチョウ』）。

青山によると、オナガギフチョウは、チュウゴクギフチョウとは類縁性が低く、形態的にはヒメギフチョウにもっとも近いという。そして、日本のギフチョウとも類似性が認められるともいう。どうやら、オナガギフチョウはヒメギフチョウの先祖型、というのが正しい見方らしい。

日本のヒメギフチョウは、中国のオナガギフチョウから流れてきたものであり、オナガギフチョウはウンナンシボリアゲハから分化したもの、という推理がなりたつ。

つまり、ウンナンシボリアゲハが原点となって、ひとつは、シボリアゲハへ進んだ道があり、もうひとつは、日本のギフチョウへと進んだ道がある、と推理できるのである。

そこで次に、この推理をもう少し詳しく展開させてみよう。

推理1・シボリアゲハへの道　―ふるさとへUターン―

まず、ウンナンシボリアゲハの発祥の地を、雲南省西北部の、標高二〇〇〇メートルあたりの、照葉樹林帯と仮定する。それは、一般に想定されているように、幼虫の食草をウマノスズクサ属（*Aristolochia*）とすれば、あまり、標高の高いところは考えにくいからである。かといって、雲南南部であれば、ウマノスズクサ類の本場になるのだが、そこは亜熱帯で、ギフチョウの先祖のふるさと、というイメージから離れてしまう。

『中国高等植物図鑑』をしらべてみると、雲南の照葉樹林帯では、*A. moupinensis*というウマノスズクサが、峡谷林下の明るく、湿ったところに生えているという。これが、ウンナンシボリアゲハの幼虫の食草ではないか、と思う。

ウンナンシボリアゲハは、食草ウマノスズクサ類を食べながら、照葉樹林のなかを、分布を広げていく。ウマノスズクサを食べる蛾類は存在しない（2部「蝶の始皇帝」参照）から、ウンナンシボリアゲハの分布拡大を妨害する食葉昆虫はいない。

そして一部は、北上して四川省に入る。そこは、雲南よりやや寒く、落葉広葉樹林帯となる。四川省に入ると、寒地系のウマノスズクサが現われ、それがシボリアゲハの餌となる。

ウンナンシボリアゲハの一部は、四川でチュウゴクシボリアゲハに変身する。食草はウマノスズクサ類でかわることはないが、生活環境が大きく変化して、それに適応するべく形態変化をおこしたのだろう。チュウゴクシボリアゲハは、シボリアゲハ属としての形態を明確に表わしていることから、ウンナンシボリアゲハから別れて、かなり長い年月を経過していることがうかがえる。

シボリアゲハ類は、基本的には、きびしい寒冷地は好まないようにみえる。チュウゴクシボリアゲハは、北進することなく、こんどは、山地帯を西南方向へ迂回し、チベットをへてブータンに入り、シボリアゲハとなる。食草は、いぜんとして、ウマノスズクサである。
シボリアゲハは、ヒマラヤ山麓を東進して、ふたたび雲南に入り、さらに、国境山脈ぞいに南下して、ミャンマー、タイ北部まで勢力を伸ばしている。シボリアゲハは、進化した姿となって、ふるさと雲南へUターンしてきたわけである。

推理2・オナガギフチョウへの道

ウンナンシボリアゲハの一部は、四川省に進んで、食草をウマノスズクサ属からウスバサイシン属（*Asarum*または*Asiasarum*）にかえる。食草の変更がギフチョウ属の誕生につながっていく。そして、ギフチョウの北行きの旅が、ここからはじまるのである。ギフチョウは、耐寒性を身につけるべく、体の構造まで改造したようにみえる。

ここで、まず最初の疑問が出てくる。なぜ、ウンナンシボリアゲハは、食草をウマノスズクサ属から、ウスバサイシン属に変更したのか、そうなる必然性があったのか、ということである。

ふるさと雲南には、ウスバサイシンの仲間が一種存在するが、ウンナンシボリアゲハは、ウマノスズクサでこと足りていて、ウスバサイシンには、興味が湧かなかったのだろうか。あるいは、両者の分布域が異なっていて、遭遇することがなかったのかもしれない。

ところが四川省に入ると、ウスバサイシン属は三種も増えてくる。ウンナンシボリアゲハは、ウマノスズクサを食餌にしていたのだが、毒性がつよくて、少々、うんざりしていたのではないか。そんなとき、毒性のよわいウスバサイシンに遭遇する。おなじウマノスズクサ科の仲間だから、食べる気持ちが誘発された。食べてみると、おいしい。こんなことで、案外、あっさりと食餌変更を行なったのではないか、と推測する。寒冷地では、病原微生物も減ってくるから、無理して体に毒を含ませる必要もなくなってくる。

ウスバサイシン属に食餌をかえた先祖ギフチョウは、北進して陝西省あたりでオナガギウチョウに変身する。青山潤三『中国のチョウ』によると、陝西のオナガギフチョウは、キバナノウスバサイシン（*Saruma henryi*）に産卵しているという。

オナガギフチョウは、食餌を温帯系の植物に乗りかえることによって、一気に分布を北へと拡大していく。陝西より北には、オクエゾサイシン（*Asarum heterotropoides*）が広く分布していて、餌に困ることはない。黄河を下って山東省に入り、朝鮮半島の北部をとおって、ロシアのアムールに到達する。そして、より寒冷な環境に適応して形態変化を引きおこし、ヒメギフチョウとなる。このできごとは、そうとう古い時代、おそらく、いまから一〇〇〇万年まえ、より以前のことだと思う。そのころはおそらく、朝鮮半島北部と山東省は陸つづきであったことだろう。

ヒメギフチョウは、さらに、日本海を渡って日本の北海道に入り、今度は南下して、本州に入る。本州

ウスバサイシン *Asarum sieboldii*

では、食草をオクエゾサイシンからウスバサイシンに転換している。いずれも、ウスバサイシン属の草だから、問題はない。

推理3・ギフチョウへの道

問題は、日本特産種のギフチョウである。ギフチョウは、本州の東北南部（日本海側）から新潟県・北陸・関東南部・東海・近畿・中国にかけての、いわゆる照葉樹林帯に分布している。そして、食草は常緑性のカンアオイ属（***Heterotropa***）である。

このカンアオイ属には、十数種が存在するが、すべて日本特産種で、中国大陸には存在しない。本州のヒメギフチョウのなかから、食餌をカンアオイ属に乗りかえるものが現われた。その結果、本州の照葉樹林帯に深くもぐりこむことができた。そして、形も名もギフチョウにかえた、と私は考えたい。

ギフチョウに関する、もうひとつの問題は、それがどこを経由してやってきたか、である。ヒメギフチョウは、朝鮮半島にも生息している。だから、半島を経由して日本の九州に上陸した、という考えもなりたつ。しかし、ギフチョウが九州や本州の西端には生息せず、分布の中心が本州の中央部にあることが、この考え方を困難にしている。

そして、なにより問題なのは、半島にはヒメギフチョウの食草ウ

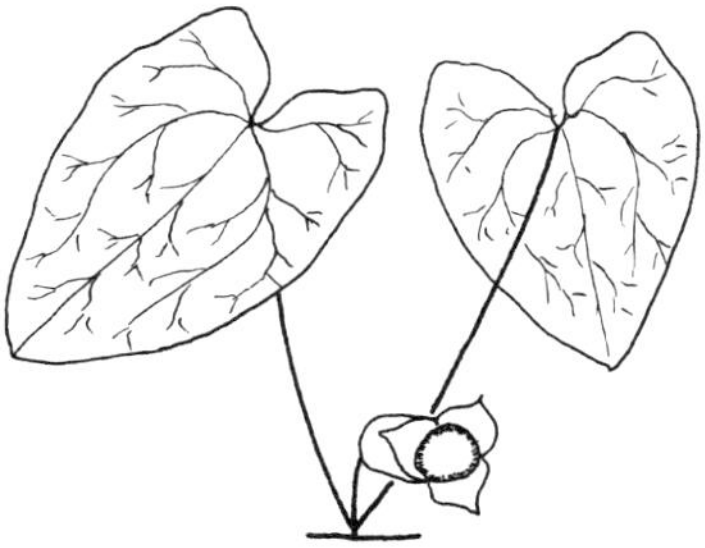

コシノカンアオイ Heterotropa megacalyx

スバサイシン属はあっても、ギフチョウの食草カンアオイ属が存在しないことである。これでは、半島のヒメギフチョウが、ギフチョウに転身するチャンスは、まったくない。

私は、日本の東北南部の落葉広葉樹林にまで勢力を伸ばしてきたヒメギフチョウの一部が、海岸近くの照葉樹林帯との境界あたりで、コシノカンアオイに遭遇し、食草をカンアオイ属に乗りかえた、と考えている。おそらくそのあたり、ウスバサイシンとコシノカンアオイが混在していたのだろう。どの場合もそうだが、新しい種の誕生は、かならず、以前の食草と、新しい食草が混在しているところでおきている。

さて、ヒメギフチョウが乗りかえた、このカンアオイ属ときたら、一年に数センチしか移動しない、ものぐさ集団であった。だからカンアオイ属は、地域ごとに隔離状態となり、その地域独特の種に分化し、多様な種の誕生につながっていく。

ギフチョウは、そんな植物集団に乗っかって、自らも隔離状態となり、日本本州にしか生息しない、日本特産の種に進化したのではないか、と私は考える。

チュウゴクギフチョウの場合

では、中国大陸の長江流域でみられるチュウゴクギフチョウは、なにものなのか。おそらく、長江上流域のどこかで生まれた、進化型のギフチョウではないか、と思う。そして、古型のオナガギフチョウを駆逐しつつ、長江にそって東進したのだろう。現在は長江の中・下流域を中心に分布している。杭州市の雑木林には、かなりの生息数がみられるという。長江流域には、ウスバサイシン（日本と同じ種）が自生している。

陝西省でオナガギフチョウが生き残ったのは、チュウゴクギフチョウが黄河の流域まで北上してこなかったせいかもしれない。また、杭州までやってきたチュウゴクギフチョウが日本へは渡っていないのは、東シナ海が、そのゆくてを阻んだからである。

チュウゴクギフチョウの誕生まで考えていたら、きりがないので、ここで、おしまいにしたい。

推理1・2・3をまとめると、下図のようになる。

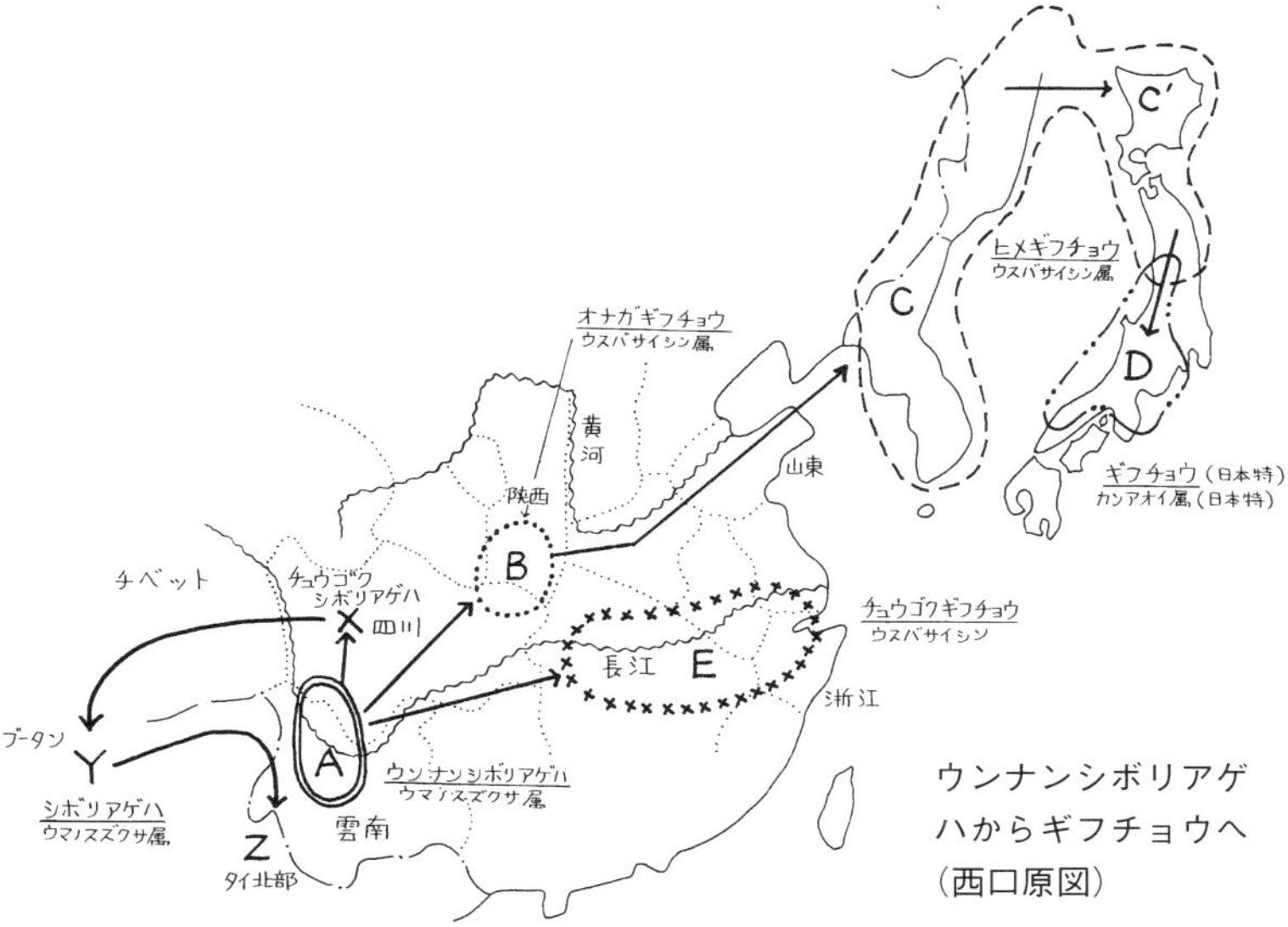

ウンナンシボリアゲハからギフチョウへ（西口原図）

ギフチョウのルーツに関しては、蝶専門家の、いろいろな説があることは、承知しているが、私は、あえて、それらの論説は読んでいない。それは、専門家の説に洗脳されないで、自分の考えで推理してみたかったからである。いつかは、専門家の論説を読むことになると思うが、私にとって、問題は、説の正しさより、その思考の過程が楽しい。はじめから、結論を出してしまっては、おもしろさが半減する、という身がってな理由が、私にはある。

西双版納の、ある観光物産店でみた三匹のシボリアゲハから、上述のような発想が生まれた。考えてみると、こんな貴重なウンナンシボリアゲハが土産店に並ぶはずがない。私が見たのは、ヒマラヤ山麓から雲南まで、広く分布している、ふつうのシボリアゲハだったかもしれない。それにしても、めずらしい蝶であることにはかわりない。私を、こんなに興奮させ、楽しませてくれたシボリアゲハ君に感謝したい。

ササのルーツ

ササ進化論

ササ属（*Sasa*）は日本特産の属というが、それは、日本で誕生したものだろうか。そもそも、ササの先祖は、なにものなのだろうか。いろいろ考えて、私は、『アマチュア森林学のすすめ』という本のなかで、次のような「ササ進化論」を書いた。

「ササの起源は、東南アジアの熱帯・亜熱帯の森のなかに生きているバンブーにあるらしい。バンブーは、竹のような形態をした植物であるが、竹とのちがいは、地下茎の発達がない、という点にある。

バンブーは、陽樹に相当する植物だから、暗い森のなかでは勢力を張れず、ふつうは林縁部で細ぼそと生きているようだ。しかし、なんらかの原因で森が破壊され、裸地が出現すると、そこに一次林（竹林）を形成する。

ただし、湿性土壌を好む植物であるから、川原の氾濫原のようなところに好んで出現するという。生態的には、温帯のヤナギ類のような働きをしているらしい。

（中略）

バンブーは、中国南部の暖温帯に来て、竹に進化する。竹は中国独特の植物で、英名もtakeである。常緑で、寒さによわいうえ、湿性土壌を好む植物だから、寒くて乾燥する大陸北部へは北進できず、照葉樹林帯をとおって、湿性で暖かい日本列島に入ってくる。

そして、沖縄でリュウキュウチク（メダケ属）となり、さらに本州でササ属に進化する。ササ属は、竹が日本という風土に適応・進化した、日本特産の植物で、学名も英名もsasaである。

竹とササの区別は、植物形態学的には、本質的なちがいはない、とされているが、生態的にみると、大きな相違がある。それは、ササは背丈を低くすることによって、寒さに適応し、亜高山帯や亜寒帯まで勢力を拡大することができたことだ。

常緑の葉をもつササが、日本の東北や北海道の寒冷地にまで分布を広げることができたのは、ひとえに雪のおかげである。背丈を低くして、雪をかぶることによって、緑葉をもったまま冬を越せるようになったのである。（後略）」

雲南でササのルーツを考える

いま読みなおしてみると、竹からササへの進化過程は、竹→メダケ属→ササ属と、当時は、はなはだシンプルな発想だった。それに、「ササ進化論」を書いていたときは、私にはまだ、中国のササ事情が、よく把握できていなかった。

平成十一年九月、中国雲南を旅するチャンスが舞いこんできた。そしてこの旅行で思いがけず、ササのルーツを解く、新しい構想を描くことができた。その考察過程を、ここに記録しておきたいと思う。

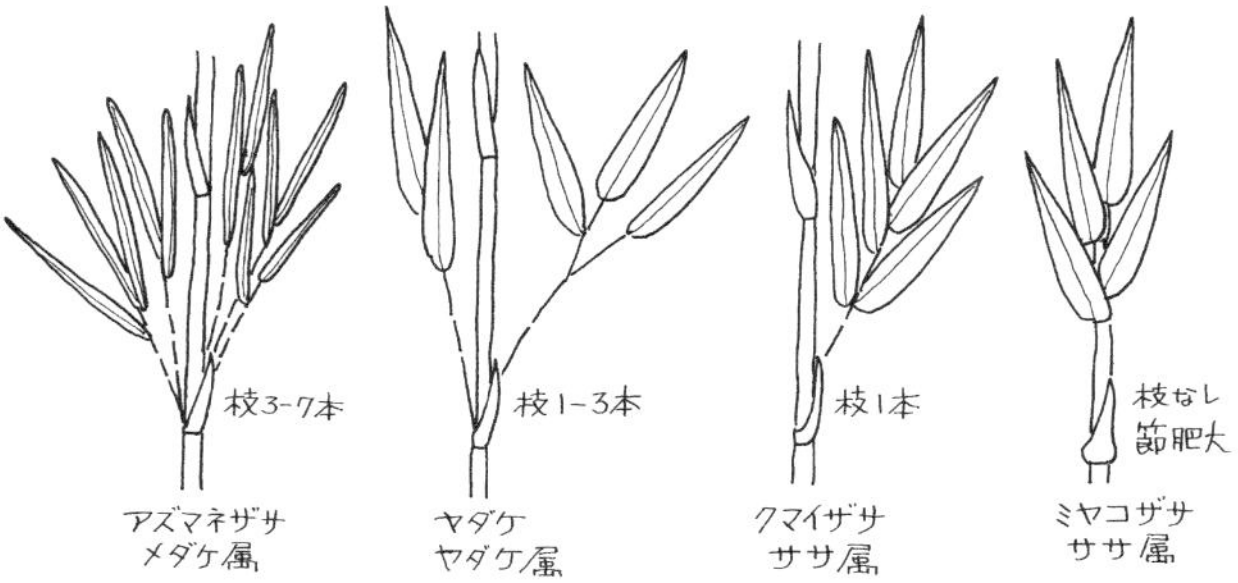

私たちを乗せた観光バスは、景洪（雲南省南部・西双版納《シーサンパンナ》の州都）を出発し、メコン川にそって南下する。メコン川は赤く濁っていた。メコン川は、源を中国のチベットに発し、雲南、ラオス、タイを通過して、ベトナムに入る。雲南省は、東南アジアの自然を構成する、ひとつの要員であることがわかった。

メコン川の川原から山裾にかけては、竹林がつづいていた。これを見て、ハッと気づいた。中国の竹は、東南アジアの熱帯域に分布するバンブーを先祖とする植物といわれているが、そのバンブーは、メコン川のような大川を遡って、中国の雲南に入ってきたのではないかと。熱帯東南アジアから中国の雲南につながる大川は、ミャンマーへ流れるサルウィン川、ベトナムへ流れるソンコイ川、それにメコン川、の三つがある。どうやら雲南は、バンブー北上コースの重要な集合・中継点になっているらしい。

バンブーは、竹とちがって地下茎の発達がない。バンブー林は数十本株立ちしているが、それ以上には拡大しない。小面積に群生し、連続せず、パッチ状に分布する。西双版納のミャンマー国境地帯には、水田が広がっており、また、このあたりの道路ぞいには、いたるところにバンブーの群落がみられる。

バンブーは、中国に来て竹に進化するのだが、竹は地下茎が発達していて、連続植生となる。なにがきっかけで、竹は、地下茎を発達させるようになったのだろうか。この問題を、私は次のように推理してみた。

赤道に近い熱帯域では、台風がない。だから、バンブーは強力な根系を張らなくても、倒れる心配はない。しかし、中国大陸になると、季節的に台風が上陸してくる。それに耐えなければ、バンブーは中国に定着できない。そこで、地下茎を張って、根系を強固にした。

竹は、地下茎を伸ばすことで、台風につよくなると同時に、地下茎の節ぶしから、次世代の子供を誕生させることができるようになった。これは、萌芽《ぼうが》に似た栄養繁殖法なのだが、バンブーは、すでにその技術をもっていた。だから、竹になって、地下茎を長く伸ばしはじめたとき、容易に、節ぶしから、たけのこを出すことができたのである。

バンブーの更新法は、一般の植物とおなじように、実生法（タネからの芽生え）をとるものが多いという。しかし、地下茎から栄養繁殖する技術を獲得した竹は、もう、毎年、実を成らせ、タネを生産する必要はなくなった。しかし、まったく実をつけないわけではない。竹は、三〇年に一度、花を咲かせるといわれている。実をならせると、栄養繁殖でつながっている竹群は、いっせいに枯死する。

では、なぜ三〇年に一度の開花なのか。それは、栄養繁殖の限界回数を示す数字ではないかと思う。生物は、栄養繁殖をつづけていると、組織が老化してくる。そこで、他人の血を入れて、組織を若返りさせる必要があるのだ。

竹からササへ

『西双版納の植物名鑑』をしらべてみると、バンブーサ（*Bambusa*）属一四種、デンドロカラムス（*Dendrocalamus*）属四九種、マダケ属（*Phyllostachys*）六種など、合計約九〇種ものバンブーや竹が記録されていた。西双版納は、まさに、一大バンブー・竹王国であった。

雲南に入ったバンブーは、今度は、長江を下って華中へ東進するが、そこではバンブーがいちじるしく減り、竹類が増えてくる。『中国高等植物図鑑』をひもといてみると、華中地域には、*Bambusa* 属三種、マダケ属八種、メダケ属（*Pleioblastus*）一種、ヤダケ属（*Pseudosasa*）一種など、約二〇種が記載されている。

そのうち、日本のササ類と関係があるのは、メダケ属とヤダケ属の二つだけである。

メダケ属は、稈の節から枝を数本（三〜七）出す、という点で、竹の性質を残しているが、背が

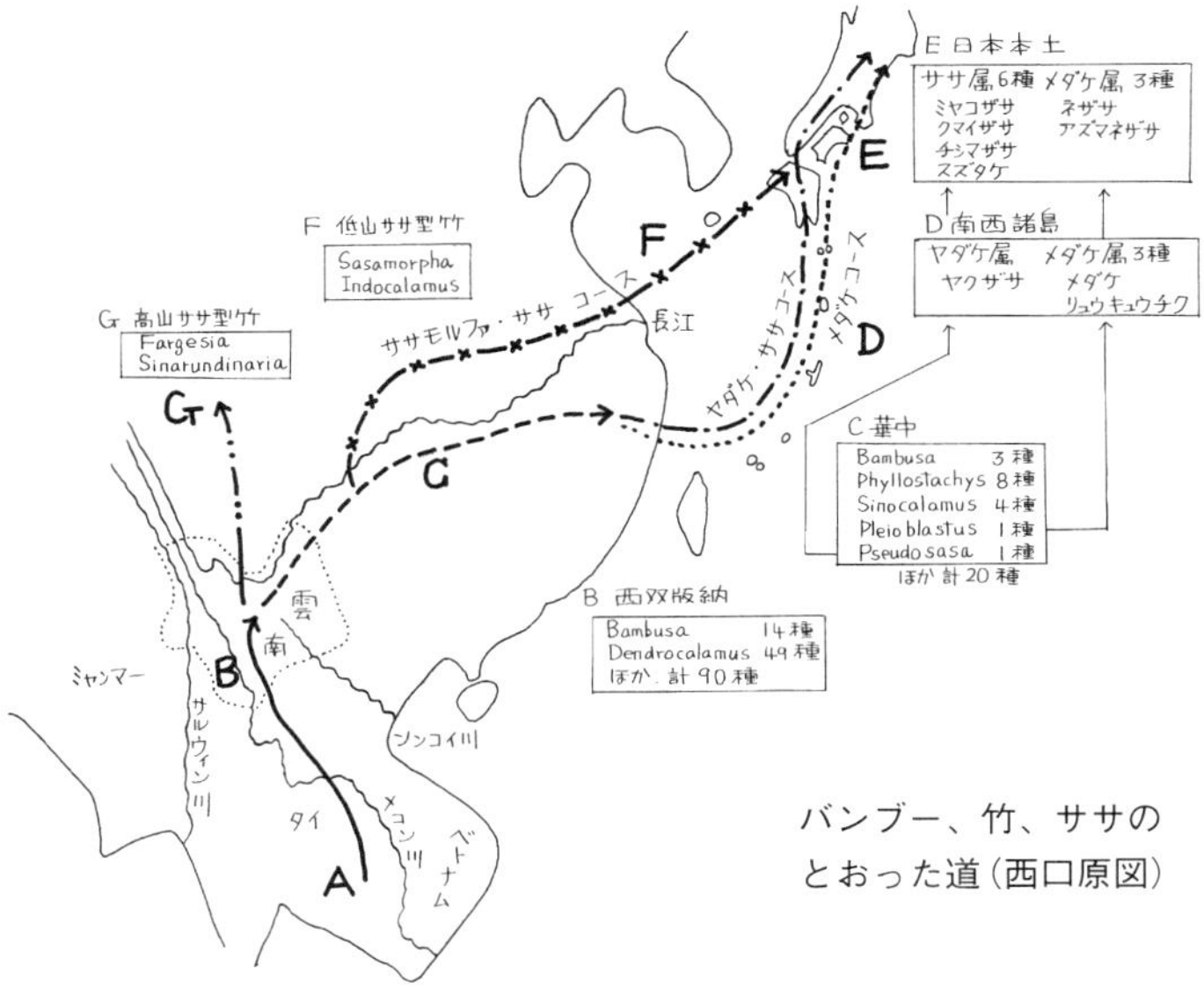

バンブー、竹、ササのとおった道（西口原図）

低く、稈が細くなることで、メダケと呼ばれている。このメダケ属が日本列島の沖縄に入ってリュウキュウチクとなり、本州に来て西日本でネザサに、東日本でアズマネザサとなる。

ヤダケ属は、稈の節から出す枝が一～三本と少なくなり、いっそうササ属に近い。ヤダケ属は、日本の屋久島で、ヤクザサとなる。ササ属は、稈の節から枝が一本しか出ない。この形態は、世界のどこにもみられず、日本で誕生し、*Sasa* 属という学名を得る。

ここで私は、ササ属は、メダケ属から生まれたものではなく、ヤダケ属が雪に適応する形に進化し、小型化したものではないか、という考えをもつようになった。属名の *Pseudosasa* は、ササの偽物、という意味である。

そして当然、ササルートは、前ページの図のように、台湾・南西諸島・九州をとおるコースを考えていた。しかし、このササルートは、のち、キマダラヒカゲの行動を考えていて、再度、修正されることになる。（後章参照）

ササとパンダとキマダラヒカゲ

ジャイアントパンダの生息地

ササを餌にしている動物で、気になる動物がひとつ存在する。中国・四川省の山岳地帯に生息するジャイアントパンダである。白と黒の、かわいいクマである。パンダはササの葉を主食にしている。

ササの葉は、繊維質（セルロース）が発達していて、雑食性の哺乳動物―ヒト、サル、クマなど―は消化できない。ササを餌として利用できるのは、シカあるいはカモシカなど、限られた草食動物だけである。これらは、胃に微生物―バクテリアや原生動物など―を飼っている。まず微生物がセルロースを分解し、分解されたものを、動物は餌として吸収するのである。そのため、胃は多室の複雑な構造になっている。

そしてパンダもササを餌として利用している。やはり、胃腸の構造は、ササの繊維を消化できるようになっているという。また、手足の爪は、ササの軸を掴みやすい形になっている。パンダは、ササという植物によく適応した動物であることがわかる。逆にいうと、パンダはササなしでは生きられない動物なのである。

ジャイアントパンダの生息域は、中国四川省の深い山奥に限られている。それは、パンダの餌であるササが豊富に存在する地域が、四川省の山岳地帯に限られているからだと思う。

ササ型竹

中国は竹の国である。笹という語はない。しかし、笹という語がなくても、ササ型の竹は存在する。そのことは、パンダの存在が示している。ササ型竹類は、実際、パンダが住んでいる華西の山岳地帯に豊富に存在しているらしい。では、華西山岳地帯のササ型竹は、なにものだろうか。

今回の雲南の旅で気づいたことだが、日本のササ・ルーツの原点は雲南にあるとみた。おなじ発想で考えてみると、華西山岳地帯のササのルーツも、やはり雲南を原点にしている、と思う。

雲南低地の竹・バンブー王国から出て、一部の竹が、雲南・四川の山岳地帯にのぼり、形態変化をおこした。そこは、岩場と強風の世界である。竹は、水不足に耐えるために体を小さくした。そして落葉広葉樹林下で***Sinarundinaria***属となり、針葉樹林下で***Fargesia***属となった。

『中国高等植物図鑑』をみると、これらの竹の形態は、背が低く、ササのような姿をしている。記載によると、節から出る枝は三〜数本とある。だから、ササ型といっても、日本のササ属とは、関係がうすい。

これらのササ型竹類の元祖は、雲南の低地にもみられる、背の低い、葉の細いメダケ属に近い竹ではないか、と思う。私は、雲南の石林を歩いたとき、岩のあいだに、アズマネザサそっくりのササをみている。

ジャイアントパンダは、四川省の深い山のなかで、冬は落葉広葉樹林に住み、夏は針葉樹林に移動して、これらの林下に生えるササを餌にしているという（J. Mackinnon『Wild China』）。

では、ジャイアントパンダは、どうして華中・華南の低山帯の竹林に生息しないのか。竹類は一般に、背が高くて（一〇～一五メートルにもなる）、葉がパンダの口にとどかないことも、理由のひとつだろう。もうひとつの、より重要な理由は、稈のよく伸びた竹林内は、みとおしがよくて、かくれ家が少ないことだ。原始的な動物であるパンダは、ほかの動物とのけんかに自信がなく、かくれ家がないと不安なのだ。その点、背の低くなったササ群落のなかは、藪状になっていて、身をかくすのに好都合なのである。

日本の場合、ブナの森にツキノワグマが生息している。ツキノワグマでさえ、通常は、クマイザサやチシマザサの藪のなかにひそんでいて、姿をみせない。ツキノワグマは、ササの葉を消化することはできないが、ササのたけのこを好んで食べている。

華南・華中の低山・低地帯では、背の低いササ型竹は大きな勢力が張れないのではないか、と思う。温暖で水分の豊かな低地帯では、背の高い竹がつよい勢力を張っているし、丘の斜面は照葉樹の世界である。やや寒くて乾燥する丘では、なんとか群落を形成するササもあるが（*Indocalamus* や *Sasamorpha*）、ジャイアントパンダが生息できるほどには、勢力を張ることはできないらしい。そして、華北や東北の寒冷な地域では、一般の竹もササ型竹も、存在しなくなる。常緑の竹は寒さによわいのである。

中国の内陸や北方の乾燥地帯は、イネ科やカヤツリグサ科などの草本の世界となる。中国には、約三三〇種のイネ科（竹類は除く）と約二六〇種のカヤツリグサ科が自生している。これは、日本の二倍にもなる数字だ。中国は、基本的には草原の国なのである。

ササ類はイネ科に入るが、イネ科内では原始的で、乾燥地では、進化のすすんだイネ科の草本に圧倒されてしまうらしい。ササ類は本来、森林の林縁、あるいは光の入る、明るい疎林内で生活している植物であるが、そんな場所が大面積に存在するのは、中国では西部の山岳地帯に限られてくる。だから、ジャイアントパンダの生息地域も、そのあたりに限られてくる、というわけである。

チベットキマダラヒカゲ

日本の里山には、ササ藪のあるところはどこでもキマダラヒカゲ類がみられる。サトキマダラヒカゲ（*Neope goschkevitschi*）は、暖温帯の里山に多く、ネザサ、アズマネザサ（メダケ属）を食草にしている。ヤマキマダラヒカゲ（*N. niphonica*）は冷温帯の里山に多く、クマイザサ、チシマザサ、ミヤコザサ（ササ属）を食草にしている。前者は日本特産であり、後者は日本準特産（日本以外ではサハリン）である。しかし、特産といっても、ごくごくふつうの種である。つまり、日本という風土で大発展している、と考えてよい。

私は、考察が未熟であったために、日本特産のキマダラヒカゲ類は日本で誕生した、と結論づけたが（『アマチュア森林学のすすめ』）、しかし最近、『中国の蝶』（村山修一）という本を読んでいて、日本のキマダラヒカゲ類にごく近縁の種が中国西部にいることを知った。その蝶の名は、チベットキマダラヒカゲ、学名は***Neope argestis***といい、東チベットやメコン川上流域に生息するという。

ではどうして、この近縁のキマダラヒカゲたちが、片や日本に、片やチベットに、遠く離れて隔離分布しているのだろうか。この本の著者の解説によると***Neope***属は、シセンキマダラヒカゲ（*N.* ***simulans***　四川省峨眉山）を含め、中国には一二種生息するが、大部分は華西の高地に限られているという。この記事は、私にひとつのヒントを与えてくれた。

おそらく、中国のキマダラヒカゲ群もササ型竹類を食草にしており、したがって、蝶群の分布も、ササ型竹類の分布と関連しているのであろう。とすると、キマダラヒカゲたちも、ササ型竹を追って雲南や四川やチベット東部の、ササ型竹が繁茂する地域へ、それぞれ分散し、流れ散っていったのではないか、という考えが成り立つ。つまり、キマダラヒカゲ類はササ王国の住人なのである。そして、ササ王国は世界で二ケ所、雲南・四川・チベット東部など、中国西部の山岳地帯と、日本にしかないのである。

弱者にもやさしい日本の風土

しかし、日本と華西で異なるところが一つある。それは、チベットキマダラヒカゲは、華西の高地帯で細ぼそと生きているのに、その兄弟の日本のキマダラヒカゲたちは、温暖な里山の、いたるところで大繁栄していることである。

これはもちろん、ササ類の発展と関係がある。中国では、ササ型竹は、華西の山岳地帯にやっとササ王国を築いたが、日本では、ササ類は里山から奥山・亜高山帯まで、全域でササ天国を形成しているのだ。

ササ類にしても、キマダラヒカゲにしても、中国での生活ぶりをみると、これらの生きものは、元来、よわい生きもので、いい環境の地

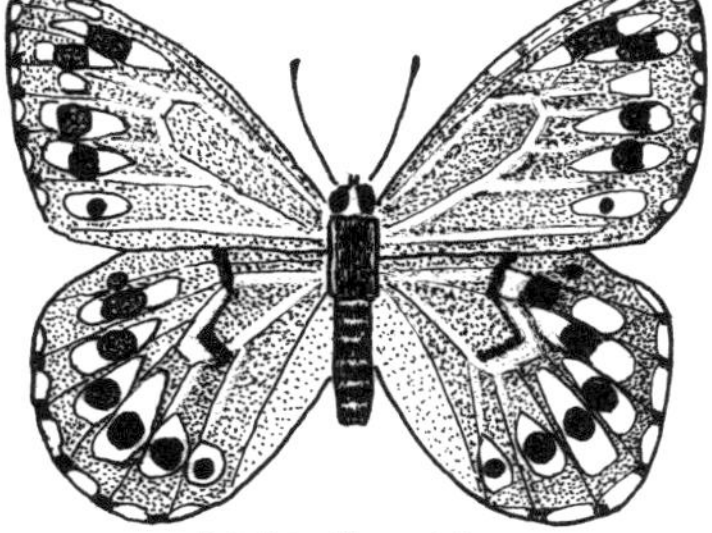

域から追い出され、だれもが敬遠する、きびしい環境の、高山山岳帯に逃げこんで、やっと生きている、という印象を受ける。

ところが、このよわい生きものであるはずの、ササ類やキマダラヒカゲ類が、日本では、いい環境で、大発展している。これは、日本という風土が、よわい生きものたちにやさしい性格をもっているからだ。

日本は火山の国、山は険しく谷深く、いたるところで土砂が崩壊する、というきびしい環境だが（この点は雲南・四川の自然とおなじ）、その一方で、多雨と多雪は、豊かな森をはぐくむ。そして全体的にみれば、国土面積は狭いながらも、環境はいちじるしく多様性に満ち（箱庭的）、原始的なよわい生きものも、進化したつよい生きものも、自分のすみかをみつけることができるのである。

そのなかでも、ササは、日本に天国を構築した。日本は森の王国であり、森が形成する多彩な林縁が、ササの天国となったのである。この国には、ササにとって脅威となる草原が少ない。日本のササ天国は、雲南・四川のササ王国とくらべても、優勢である。そのことは、キマダラヒカゲ類の、優雅で、のびのびした生活が証明している。

ササのルーツ再考

中国におけるササ型竹の種類と分布

前々章で、日本のササ・ルーツの原点は雲南にあり、南西諸島をとおって日本列島に広がった、と述べた。そして、キマダラヒカゲたちも、ササといっしょに、日本列島に入ってきた、と考えた。

しかしキマダラヒカゲのルートをササ・ルートと関係づけて考えると、重大な疑問が生じる。なぜなら、日本のキマダラヒカゲは、北海道から九州まで分布しているが、南西諸島には生息していないからである。だから、キマダラヒカゲが南西諸島を経由して九州へやってきた、とは考えにくい。

では、日本のキマダラヒカゲたちは、どのコースをとおって、日本列島に入ってきたのだろうか。前章で述べたように、チベット東部には、日本のキマダラヒカゲたちの兄弟も生息している。日本のキマダラヒカゲたちの行動を推理するためには、チベットキマダラヒカゲを含め、中国のキマダラヒカゲ群の動行について、もう少し詳しく解析する必要がある。

幸いなことに、最近、青山潤三『中国のチョウ』を入手することができて、中国の蝶のようすが、かなりわかってきた。そこで再度、日本のキマダラヒカゲたちの、日本列島への移住コースを考えてみたいと思う。

　青山の『中国のチョウ』によると、華東の低山帯にも、種数は少ないがキマダラヒカゲ類が生息している。キマダラヒカゲ類が存在する、ということは、幼虫の餌としての、そして、成虫の生息環境としての、背の低いササ型竹類の群落が広い面積にわたって存在することを示している。

　青山の本には、つぎのような記事がある。「アカキマダラヒカゲは、杭州市内の雑木林に豊産し、生息地にはメダケ属（*Pleiobrastus*）はないが、日本のメダケやネザサに相応する状態でマダケ属（*Phyllostachys*）が林床を覆っている」。杭州といえば、長江の河口のまちである。

　私は最初、中国のキマダラヒカゲ類が華西の高地に集中している理由として、華東・華南の低山帯にはササ型竹が勢力を張っていないのではないか、と考えていたのだが、この本から、杭州あたりの低山にも、背の低いササ型竹が、けっこう繁茂していて、その群落

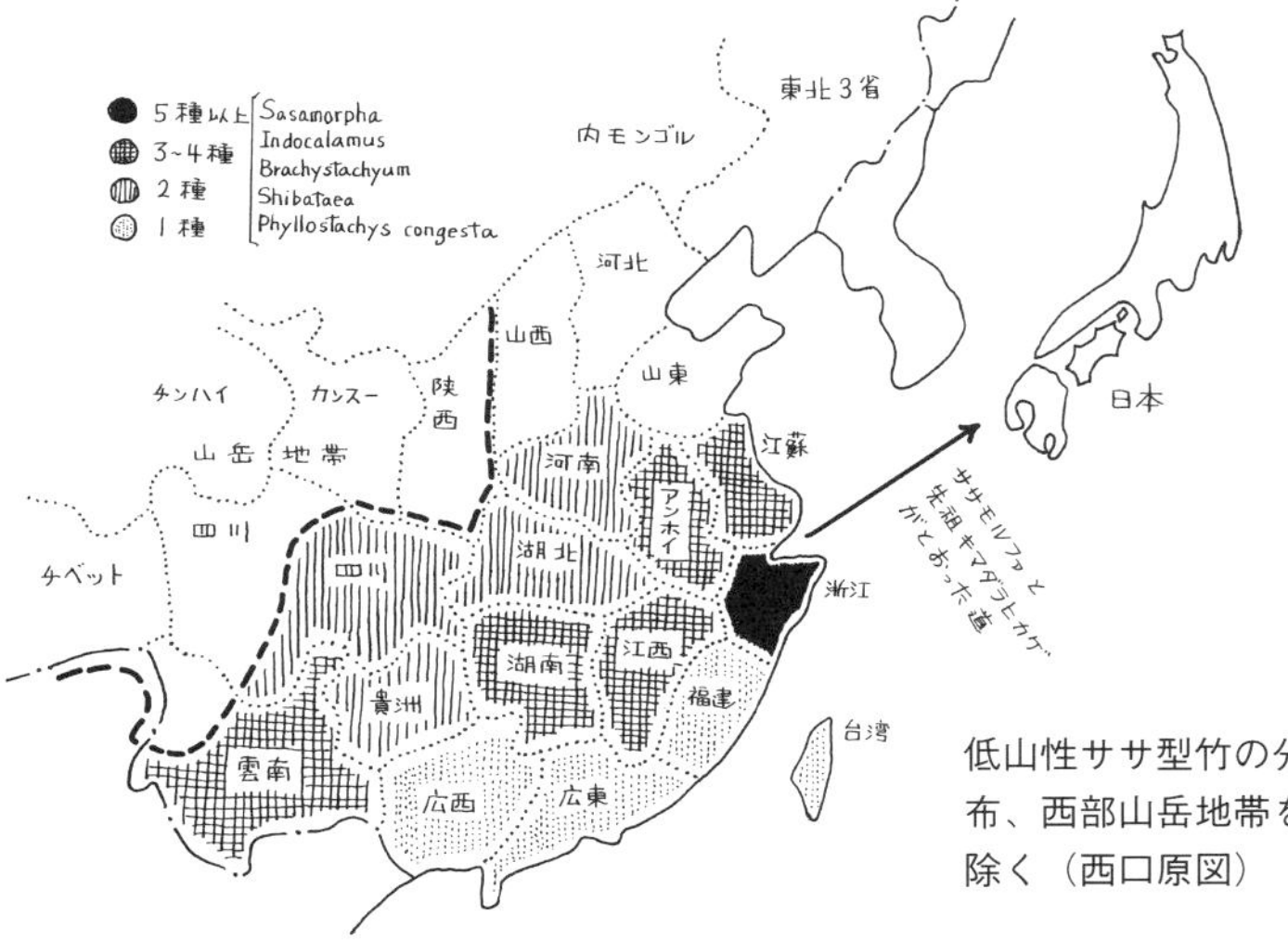

低山性ササ型竹の分布、西部山岳地帯を除く（西口原図）

のなかでアカキマダラヒカゲという種が豊かな生活を送っていることを知った。

そこで手はじめに、中国には、背の低いササ型竹に、どんな種類があり、どこに分布しているのか、しらべてみた。『中国高等植物図鑑』から、背丈が二メートル以下のササ型竹類を拾い出して、その属名と種数を地図上に書きこんでみた。その結果が前ページの図に示されている。

ササ型竹の分布は、おおざっぱに二つに分けられる。ひとつは高山性の竹で、陝西、甘粛、四川、雲南など、華西の山地帯に分布し、*Sinarundinaria*属、*Fargesia*属、*Yushania*属（台湾）の三属が存在する。もうひとつは、華中・華東の低山帯に分布するもので、*Sasamorpha*属、*Indocalamus*属、*Brachystachyum*属、*Shibataea*属が存在する。

そのほかにマダケ属（*Phyllostachys* 一般に高稈性）でありながら、背丈が一メートル前後と低く、ササ型をしている竹が一種存在する。*P. congesta*（水竹）という種で、長江流域以南の各省に広く分布するとある。

さて、前ページの図から、華中・華東の低山にも、ササ型竹が、けっこう広く分布していることはわかった。また、長江下流域の浙江省と安徽省には、ササ型竹の、いろいろな種類が集合していることもわかった。そして、杭州の雑木林でアカキマダラヒカゲがたくさん生息していることも、ササ型竹の存在から納得できた。

中国のキマダラヒカゲ群

次に、中国には、どんな種類のキマダラヒカゲ類がいて、どこに分布しているのか、しらべてみた。そして、おおまかではあるが、次のような種類が、それぞれの地域に存在することを知った。

①台湾：アカキマダラヒカゲ（*N. bremeri* 低地帯）、シロキマダラヒカゲ（*N. armandii* 高山帯）、アリサンキマダラヒカゲ（*N. pulaha*）

②華東・華中（低山帯）：アカキマダラヒカゲ（前出）、クリスティキマダラヒカゲ（*N. christi*）

③華西（山地帯）：ウスイロキマダラヒカゲ（*N. pulahoides*）、ウラキマダラヒカゲ（*N. muirheadi*）、ウラナミキマダラヒカゲ（*N. simulans*）

④華西南（山地帯）：オオキマダラヒカゲ（*N. yama*）、シロキマダラヒカゲ（前出）、ウンナンクロキマダラヒカゲ（*N.* sp.）、オーベルチュールキマダラヒカゲ（*N. oberthuri*）、クリスティキマダラヒカゲ（前出）

⑤チベット東部（山岳地帯）：チベットキマダラヒカゲ（*N. argestis*）

これら一一種のうち、日本のキマダラヒカゲ類に近縁と考えられるチベットキマダラヒカゲが、もっとも西端の山岳地帯に生活していることは、興味深い。これは、チベットキマダラヒカゲが、この仲間のあいだでは、原始的な、競争力のよわい種で、もっとも環境の劣悪なところに逃げこんでいることを意味するのではないか、と私は考える。

先祖キマダラヒカゲのとおった道

日本のサトキマダラヒカゲは、メダケやアズマネザサなど、メダケ属（*Pleioblastus*）を幼虫の餌としている。もし、サトキマダラヒカゲの先祖（以後、先祖キマダラヒカゲと呼ぶ）がメダケ属といっしょに日本にやってきたと考えるなら、沖縄のリュウキュウチクの竹林にキマダラヒカゲが生息していても、ふしぎではない。しかし、実際はいない。リュウキュウチクは、その背丈が二ないし四メートルもあり、キマダラヒカゲにとっては、高すぎるのではないか、と思う。

『中国高等植物図鑑』には、メダケ属として*P.amarus*が一種記載されているだけである。長江流域の各省に分布するが、稈高は四メートルもあり、やはり、キマダラヒカゲにとっては背が高すぎる。おそらく、中国のキマダラヒカゲ類は、メダケ属を餌にしていないのではないか、と思う。だから、中国のメダケ属が沖縄に入ったとしても、キマダラヒカゲは、メダケ属といっしょに行くことはなかっただろう。

では、先祖キマダラヒカゲは、どんなササ型竹といっしょに日本にやってきたのだろうか。青山によると、杭州にはササ型のマダケ属の群落で、むかし、先祖キマダラヒカゲが生活していた可能性もある。しかし、南西諸島にはマダケ属は存在しない。マダケ属は沖縄へは渡っていないから、先祖キマダラヒカゲも、マダケ群落で生活していたとしても、マダケ属といっしょに沖縄に渡ることはない。

また、考えてみれば、杭州に、いまでこそササ型のマダケ属は存在するとしても、先祖キマダラヒカゲの時代にも存在していたかどうかは、疑わしい。このササ型マダケ属は、最近、進化してきたものではないか、と私は考えている。

では、先祖キマダラヒカゲは、どんなササ型竹といっしょに日本にやってきたのだろうか。いろいろ考えたすえ、私の興味をつよく引いたササ型竹がひとつあった。それは、ササモルファ（*Sasamorpha*）である。『中国高等植物図鑑』の記載からササモルファの特徴をしらべてみた。

中国にはササモルファ属は二種あって、いずれも稈高は低く（*S. sinica*一・五メートル、*S. nubigena*

〇・六メートル)、また、おどろいたことに、節から出る枝は一本とある。つまり、日本のササ属と同じ性質をもっているのだ。

ただ、分布場所は限られていた。*S. sinica* は浙江、安徽の山にだけ特産し、*S. nubigena* は四川省の南川にだけ特産する。ササモルファというササ型竹は、どうやら、競争力のよわい、古型の植物らしく、特殊な環境(地質?)の山に逃げこんでいるようにみえる。

以上のような状況から、私は、このササモルファが、先祖キマダラヒカゲといっしょに日本に渡ってきたのではないか、という考えを抱くようになった。では、渡ってきたコースはどこだろうか。

竹は寒さによわい植物だから、北コース(朝鮮半島以北)は考えられない。実際、ササ型竹の分布をみても、華北と東北三省には存在しない。といって南の沖縄コースは亜熱帯・高温多湿の風土であり、竹のとおる道であって、背の低いササは排除されてしまうだろう。

ササモルファが、先祖キマダラヒカゲといっしょに、日本に入ったと考えられる唯一のコースは、沖縄コースと朝鮮半島コースのあいだ、東シナ海コースである。世界地図をみると、長江の河口と九州は、東シナ海をとおれば、それほど遠くはない。

いまから一〇〇〇万年まえ以前は、東シナ海と九州は、陸つづきではなかったか、と思う。そして、ササモルファは、先祖キマダラヒカゲといっしょに、そのコースをとおって日本に入ってきた、と考えたい。当時、長江流域には、古型植物のササモルファは、先祖キマダラヒカゲとともに、広く分布していたのではないか、とも思う。

その後、南西諸島は大陸から分離し、東シナ海も海となって、日本への中・南コースはとざされ、北コース（朝鮮半島コース、樺太コース）のみとなる。先祖キマダラヒカゲ以後に誕生した、進化したキマダラヒカゲ群は、日本列島へ入るチャンスを失う。

日本列島に入って隔離状態となったササモルファと先祖キマダラヒカゲは、その後、独自の発展をとげて、かたやササ属（*Sasa*、日本特産属）に、かたやサトキマダラヒカゲとヤマキマダラヒカゲの二種に分化し、日本列島特産種となる。そして、里山を生活の拠点としたサトキマダラヒカゲは、食餌をメダケ属のアズマネザサ（稈高が低く、量が多い）に変更し、奥山を生活の拠点としたヤマキマダラヒカゲは、食餌をクマイザサ、チシマザサ、ミヤコザサなど、量の多いササ属に変更した。

●注『牧野新日本植物図鑑』によると、スズタケは *Sasamorpha borealis* になっている（林・他監修『原色樹木大図鑑』では *Sasa* 属）。牧野の考えにしたがえば、中国のササモルファは、日本にきて、まずスズタケになった、という見方もできる。

先祖キマダラヒカゲは、むかしは、中国大陸に広く分布していたと考えられるが、あとから進化してきたキマダラヒカゲたちに駆逐され、一部はチベット東部の山岳地帯に逃げこみ、一部は日本列島で生き残る。チベット東部の山に逃げこんだ先祖キマダラヒカゲは、隔離状態になり、その後、独自の発展をとげて、現在のチベットキマダラヒカゲとなる。そこには、高山型のササ型竹が生えており、チベットキマダラヒカゲを支えている。しかし、すべての高山蝶がそうであるように、チベットキマダラヒカゲも、細ぼそと生きている。高山という、隔離された環境のなかで。

一方、日本に渡った先祖キマダラヒカゲは、進化キマダラヒカゲ群に追われることもなく、のびのびと、豊かに生きている。それは、日本という風土で大発展したササ類のおかげでもある。

私はいままで、日本のササ属の先祖は、ヤダケ属で、とおった道は南西諸島経由と考えていたのだが、キマダラヒカゲという蝶のルーツを考えていて、はからずも、ササ属の先祖は中国のササモルファで、そのササモルファがとおった道は、南西諸島コースでもなく、朝鮮半島コースでもなく、もっと別の、海上コースではないか、という考えに到達してしまった（167ページの図参照）。もし蝶のことを考えなければ、こんな発想は生まれることはなかっただろう。

ササに生きる、もうひとつの蝶

前章で、キマダラヒカゲ類とササ類との関係を考察して、ひとつの結論を導き出した。それは、中国で生まれた先祖キマダラヒカゲが、ササモルファというササ型竹といっしょに、東シナ海を渡って日本列島に入り、ササモルファは日本特産のササ属に発展し、先祖キマダラヒカゲは、サトキマダラヒカゲ（日本特産）とヤマキマダラヒカゲ（日本準特産）に分化した、というものである。しかし、このような考え方に、どのていどの一般性があるのか、単なるお話にすぎないのか、気になる。そこで、この考え方を、ササ類を食草にしている、もうひとつの蝶たち—ヒメキマダラヒカゲとクロヒカゲ類—について検証してみることにした。

ヒメキマダラヒカゲ　–ブナ林型の蝶–

ヒメキマダラヒカゲ（*Zophoessa callipteris*）は、ブナの森を歩いていると、よく出会う。この蝶はブナの森との結びつきがつよく、ブナ林を指標する昆虫のひとつとされている。実際の生活場所は、ブナの森の林床に繁茂するクマイザサやチシマザサの群落なのだが、ブナの森という、いくらか暗く、それでいて、緑のさわやかな環境が気にいっているのだろう。ヒメキマダラヒカゲは、羽の模様や色彩がヤマキマダラヒカゲに似ているが、やや小型で、色彩も淡いので、飛翔する姿をみれば、すぐみわけられる。

幼虫の食草は、ササ属のチシマザサ、チマキザサ、ミヤコザサ、スズタケで、メダケ属やマダケ属の群落には発生しないという。だから、アズマネザサの多い里山の雑木林には生息しない。まさしく、ブナの森の蝶といえる。

ヒメキマダラヒカゲの生息環境は、ヤマキマダラヒカゲのそれと似ているが、微妙に異なる。ヒメキマダラヒカゲのほうが、より暗い林内を好み、ヤマキマダラヒカゲは、より明るい林縁に多い。ヒメキマダラヒカゲは、東北ではブナの森に生息するが、ヤマキマダラヒカゲは、ブナ帯でも、ミズナラ林のような、明るい森の林縁を好むという。

ヒメキマダラヒカゲをブナ林型、ヤマキマダラヒカゲをミズナラ林型と表現すれば、わかりやすい。どちらも冷温帯にすみ、生活型も、生活環境も似ているだけに、すみわけ的な生活をしているようだ。

ヒメキマダラヒカゲは、九州・四国・本州・北海道に分布し、さらに樺太と千島にもみられる。沖縄には生息しない。

分布が、北海道以北の樺太にまで広がっているのは、チシマザサの存在との関係を示している。しかしこの蝶は、日本海をはさんだ大陸側（中国東北部、ロシア・アムール）には分布しない。その地域には、ササ型竹の植生がないからだろう。

青山『中国のチョウ』によると、中国南部に、日本のヒメキマダラヒカゲによく似た蝶が存在するが、それが日本のヒメキマダラヒカゲと同種かどうかは、検討を要するという。しかし別種であっても、ごく近い親戚が中国南部にいることにはかわりない。この隔離分布現象は、日本のキマダラヒカゲ類とチベットキマダラヒカゲとの関係によく似ていて、たいへん興味深い。

ヒメキマダラヒカゲは、背の低いササ型植生とつよい結びつきがあるから、中国での分布も、ササ型竹植生の豊かな地域に限られてくるにちがいない。そんな環境が多いのは、南部といっても、西の方の山地帯ではないかと思う。ヒメキマダラヒカゲは、中国南部の、どのあたりに生息しているのであろうか。

ヒメキマダラヒカゲ属は中国に二五種も存在するが、そのグループのなかでも、ヒメキマダラヒカゲという種は、もっとも原始的な種らしい。そして日本列島に生息するのは、その原始的な種、ただ一種だけである。

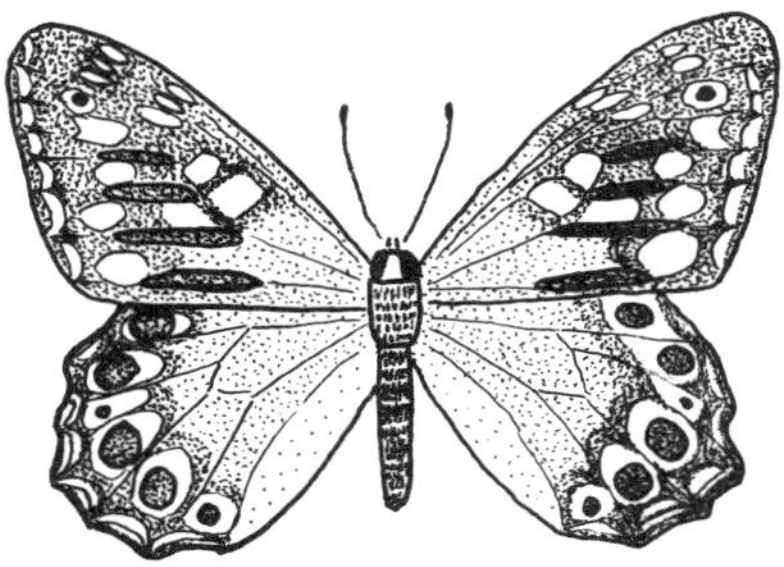

ヒメキマダラヒカゲ
Zophoessa callipteris

この情況は、前章で述べたキマダラヒカゲ属の場合とよく似ている。ヒメキマダラヒカゲも、先祖キマダラヒカゲとおなじように、ササモルファに乗って、東シナ海を渡って、日本にやってきたのではないか、と思う。

ヒメキマダラヒカゲ属の進化した種群は、日本列島には渡っていない。ヒメキマダラヒカゲもまた、日本列島に生き残った古いタイプの蝶なのである。

クロヒカゲ —進化型の蝶—

クロヒカゲ（*Lethe diana*）は、東北地方では、里山の雑木林から奥山のブナの森まで、ごくふつうにみられる。もっとも身近な蝶のひとつ、といえる。採集に行くと、必ず網に引っかかってくる蝶である。この蝶の飛ぶ姿をみていると、なぜか、バイタリティに満ちた生きもの、という感じを受ける。

『原色日本蝶類生態図鑑Ⅳ』によると、食餌植物は、メダケ、アズマネザサ、ミヤコザサ、クマイザサ、チシマザサ、ヤダケ、マダケなどで、竹類やササ類を幅広く餌にしていることがわかる。

分布は、日本（北海道・本州・四国・九州）のほか、国外では、樺太（サハリン）、中国、朝鮮半島にも分布するとある。それで周日本海型の蝶といわれている。沖縄には生息しない。

樺太にはチシマザサが分布しているから、クロヒカゲが分布していても、ふしぎではない。しかし、朝鮮半島と中国（東北部）にも分布しているのは、食餌植物の観点からすれば、少し気になる。

なぜなら、中国大陸での竹類の分布は華中以南で、背の低いササ型竹でも、華北や東北三省には進出していないからである。竹やササの存在しない中国東北部で、はたして、クロヒカゲは生存できるのだろうか。

そこでまず、朝鮮半島のササの存在から考えてみよう。『原色樹木大図鑑』をひもといてみると、チマキザサ（クマイザサ）は日本のほか、朝鮮半島南部（済州島）にも分布するとあり、チシマザサは朝鮮半島北部にも分布する、とある。また、スズタケの分布は、日本のほか、朝鮮半島とある。

しかし、『寺崎日本植物図譜』のササ類記載では、分布が日本のほか、朝鮮半島にまで及んでいるのはヤダケだけである。しかし、そのヤダケは、『原色樹木大図鑑』によると、植えたもの、とある。

これらの図鑑類からは、朝鮮半島にササ類の自然分布があるのかどうか、私には判断できない。ただ問題は、もしササ群落があるとしても、朝鮮半島全域に、大規模に、連続に自生しているのかどうか、である。一方、クロヒカゲは、朝鮮半島全域、北から南まで分布している。

もし朝鮮半島にササ属の連続群落があり、それに依存してクロヒカゲが生活しているとなれば、こんどは逆に、日本列島特産で、ササ類を餌にしているキマダラヒカゲ類が、なぜ朝鮮半島に生息していないのか、という、矛盾した別の疑問が湧いてくる。

朝鮮半島にキマダラヒカゲ類が生息しないのは、ササ群落があるとしても、蝶の生活を支えることができるほどには、豊かに、連続的に発達していないため、と私はみている。朝鮮半島は、大陸の一部であり、基本的には草原の国だからだ。

とすれば、朝鮮半島のクロヒカゲの存在を、どう理解するか、という最初の疑問にもどってくる。

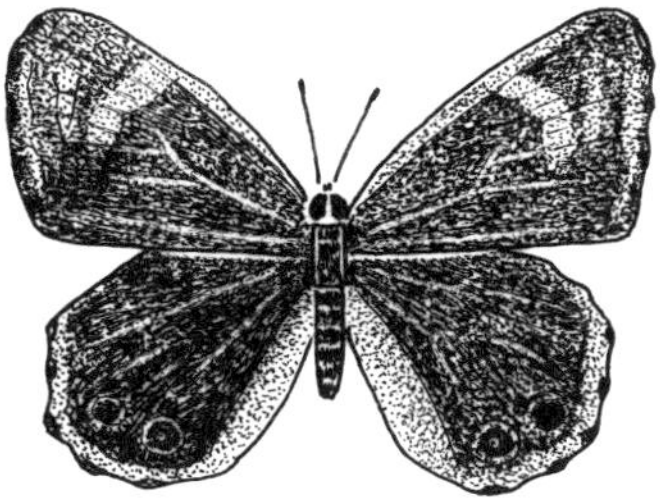

クロヒカゲ
Lethe diana

そこで、朝鮮半島の問題はあとにまわして、竹も笹もない中国東北部で、クロヒカゲは生きていけるのかどうか、という問題を考えてみよう。

クロヒカゲは、日本では平地の雑木林から奥山のブナの森まで、広く生息している。生活場所は、林床のササ群落である。しかしその一方で、クロヒカゲが、イネ科の草に産卵したとか、終齢幼虫がみつかったなど、記録があるという。クロヒカゲはササ型植生を好むが、イネ科植生でも生きていけるらしい。

つまり、クロヒカゲは、かなりバイタリティのある蝶と考えられる。それなら、朝鮮半島や中国大陸東北部の、乾性な山林内、あるいは林緑の、イネ科の多い草むらに生息していても、納得できる。

第二の問題は、クロヒカゲは、どのコースをとおって、日本列島に入ってきたのだろうか、そしてそれは、いつごろの時代なのだろうか、という問題である。

南西諸島には、餌となるリュウキュウチクが存在するにもかかわらず、クロヒカゲは現存しない。だから、沖縄コースを想定するのは困難である。

その理由として、メダケ属は、南西諸島が大陸とつながっていた古い時代に入っているが、その時代にはクロヒカゲはまだ誕生しておらず、クロヒカゲが誕生したときは、すでに南西諸島は大陸と分離していた、と私は考えたい。台湾にクロヒカゲ属の一種が生息しているのは、台湾がごく最近まで大陸とつながっていたからであろう。

では、クロヒカゲは、中国大陸のどこから、日本列島に入ったのだろうか。朝鮮半島コースや樺太コースは、かなり最近まで、大陸とつながっていて、北方系の進化した植物や昆虫は、このコースをとおって、ぞくぞく日本列島に入ってきている。進化した蝶・クロヒカゲも、やはり、北コースをとおってきたにちがいない。

北コースから来たとすれば、中国の東北部を経由することになる。しかしそこは、イネ科やカヤツリグサ科の世界で、ササも竹もない。しかし、この困難を乗りこえる方法が一つある。食草転換である。

クロヒカゲは、中国東北部にきて、イネ科の草に食餌転換したのではないか、と思う。それができたのは、おそらく、クロヒカゲの先祖（クロヒカゲモドキ）がイネ科の草を食餌にしていた、という経験があるからだ、と私は考えている。

イネ科の草に食餌転換したクロヒカゲのうち、一群は、中国東北部から朝鮮半島へ南下する。朝鮮半島に入ってきたグループは、イネ科の草を食べているのか、あるいはまた、ササを食べるようになっているのか、これは、確認したい問題だ。

別の一群は、樺太を経由して、北海道に入っていく。樺太経由組は、そこでふたたびササ類に遭遇して、食餌をまたササにもどす。

こう考えてくると、クロヒカゲの性格が読めてくる。この蝶は、日本列島特産のキマダラヒカゲ類やヒメキマダヒカゲとは異なって、進化した蝶なのである。この蝶にバイタリィーを感じるのは、進化した蝶だからだ。

●注クロヒカゲにごく近縁で、クロヒカゲモドキ（*L. marginalis*）という種が存在する。クロヒカゲとおなじ地域に生息している。しかし、食餌植物はササ類ではなく、イネ科の草である。クロヒカゲの先祖型ではないか、と私は考えている。

ヒカゲチョウ ―遺存的古型蝶―

最後に、ササ類を食餌植物とするもうひとつの蝶・ヒカゲチョウについて考えてみよう。

『現色日本蝶類生態図鑑Ⅳ』によると、ヒカゲチョウ（*Lethe sicelis*）は、本州・四国・九州に分布し、北海道には生息しない。日本特産種である。青山によると、日本以外に近縁種さえもたない、純然たる日本固有の種だという。おそらく、クロヒカゲ属のなかでは、もっとも原始的な、遺存的な種ではないか、と思う。

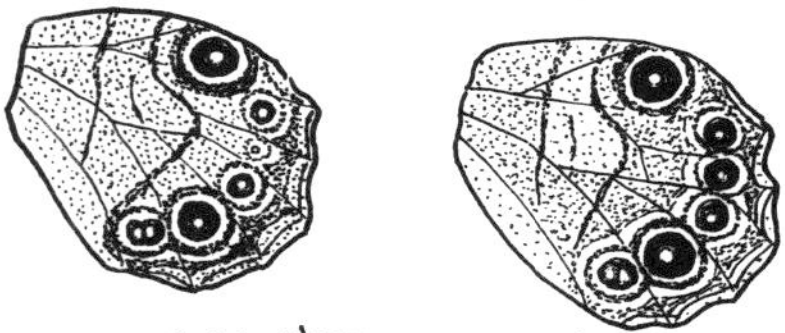
後翅裏面の眼状紋
左クロヒカゲ　右ヒカゲチョウ

食餌植物としては、メダケ、アズマネザサ、ミヤコザサ、チシマザサ、ヤダケ、マダケなどが記載されている。竹類やササ類を、けっこう幅広く餌にしているようである。

ヒカゲチョウは、東北には少ないといわれているが、宮城県では、丘陵地や山地帯に広く分布し、個体数も少なくないというから、今度、山へのぼるときは注意してみよう。

蝶類図鑑をみると、クロヒカゲよりやや黄色っぽいこと、後翅裏の上から三番目の小さい眼状紋が、クロヒカゲでは消えかかっているのに、ヒカゲチョウのほうは、上下の紋とおなじく、三個がしっかりついていること、で見分けられそうだ。

関東以西の本州では個体数は比較的多いが、奇妙なことに、低地帯と内陸の比較的高地帯に分かれて分布するという。

三重県では、沖積平野にふつうにみられるが、標高数百メートルから一〇〇〇メートルぐらいの山地渓谷にはみられず、一五〇〇メートル以上の大台ケ原には、ふたたびみられるという。

栃木県では、平地のコナラ」―アズマネザサの二次林と、標高一三〇〇メートルを超すミズナラ―ミヤコザサの自然林に、分かれて分布するという。

生息地の二分化現象は、クロヒカゲとの競争関係を示しているのではないか、と思う。両者は、食餌植物も、生活環境も、よく似ている。そして進化したクロヒカゲのほうが、好ましい生息環境を広く占めており、ヒカゲチョウは、クロヒカゲの生息しにくいところ、たとえば、より寒冷な高標高地域（疎林化する）とか、低地の荒れた笹藪（クロヒカゲは来ない）に逃げているのではないか、と私は推測する。

ヒカゲチョウは、クロヒカゲ属のなかではもっとも早く、そうとう古い時代に、中国から日本に渡ってきた、と思う。渡来コースは、南西諸島コースだろうか、朝鮮半島コースだろうか。じつは、どちらも考えにくい。なぜなら、南西諸島には、メダケ属のリュウキュウチクが存在するにもかかわらず、この蝶は現存せず、また、中国東北部コースは、ササ型竹がないから、ヒカゲチョウはとおれない。考えられるコースは、キマダラヒカゲとおなじ東シナ海コース、ということになる。

キマダラヒカゲ類の場合、あとから進化した蝶群が日本列島に入って来ず、キマダラヒカゲたちは、日本の里山でのんびりと生活をエンジョイしている。

しかしヒカゲチョウの場合は、あとから進化したクロヒカゲが、強引に日本列島にもぐりこんできて、先に来たヒカゲチョウの生活の場をおびやかしている。ヒカゲチョウは、せっかくやってきた日本なのに、のんびり生活をエンジョイできないつらさがある。

この蝶は、地味で、だれにも注目されず、日陰の蝶になっているが、考えてみれば、世界中に兄弟も親戚ももたない、日本にしかいない、きわめてユニークな蝶なのである。これは、日本の宝だ。私も、この本を書いていて、はじめて、この事実を知った次第である。いつまでも日陰の蝶では、かわいそうだ。日本のどこか一個所に、ヒカゲチョウ天国を造って、守ってあげたいものである。

ミヤマシロチョウの長い旅

玉竜雪山山麓のお花畑

麗江の郊外、玉竜雪山の山麓は、なだらかに起伏する草原が広がっていた。標高はすでに二五〇〇メートルを超えている。

草原のところどころで、樹高五メートルほどのウンナンミツバマツが樹林を形成し、樹高一メートルにも満たないハイウバメガシの群落がパッチ状に広がっている。そのあいだに、小石まじりの裸地が広がり、高山植物がピンクや赤や黄や白の花で、地表を華やかに彩っていた。ハイウバメガシの葉は、硬質で、鋸歯が針のように尖っている。これは、乾燥と強風に対する適応の姿である。ハイウバメガシに混じって、刺のある低木がみられた。メギ属の一種らしい。葉が細かいので、仮にコバメギと命名しておく。

メギの葉には苦味成分のベルベリン（アルカロイド）が含まれている。ベルベリンという名は、メギの属名（*Berberis*）に由来する。この成分はつよい殺菌力があり、胃腸の薬、とくに下痢止めの薬になる。メギとは、目の薬になる木、という意味である。宮城県金華山のシカはメギを食べない。それは、刺があるだけでなく、葉も幹もおそろしく苦いからだろう。

コバメギに似て、葉の細かい、地面をはう低木がみられた。ピンクのかわいい花が咲いていていた。バラ科コトネアスター属（*Cotoneaster*）の一種とみた。仮にコバノベニシタンと命名しておく。あとで、『中国高等植物図鑑』をしらべてみると、中国には、西部の高標高地帯を中心に、コトネアスター属が二〇種以上もあった。いずれも匍匐性の低木である。匍匐性は、高山の強風に適応してきた姿を示している。コトネアスター属は、中国西部の高山山岳地帯の荒原をふるさととする樹木群であることを知った。

玉竜雪山山麓の高原

メギ類やコトネアスター類は、ウンナンミツバマツ—ハイウバメガシ群落の重要な構成員として位置づけられる。ただし、これが自然本来の植物社会を示しているのかどうかは、疑問がある。なぜなら、この草原の植物は、刺のある木、あるいは毒草が多い。毒草が多いということは、家畜の放牧がくり返されていることを示しているからだ。

この草原植生の特徴は、高山の強い日射と強風、栄養の少ない乾燥土壌、という二つの自然条件に、牛の摂食圧という第三の条件が加わってできたもの、と考えられる。実際、この草原には、いたるところで牛糞がみられた。

野草についていえば、背の高い種類が少なく、どこも芝を敷いたように、低く、滑らかな姿になっている。これも、放牧の影響とみてよいだろう。そこでつぎに、野草の花をしらべてみた。

細かい石や小岩が散らばっているあいだに、高さ一〇センチほどの、ピンクのかわいい花がみられた。一見ランにみえたが、あとで『雲南野生花卉』をしらべてみて、ショウガ科ロスコエア属の一種 ***Roscoea schmeideriana*** という植物であることがわかった。ショウガ類は、フェノールやアルカロイドを含み、毒草のひとつと考えてよい。

背丈が一メートルほどの、黄色いキク科の花が目立った。オタカラコウ（*Ligularia*）の一種とみた。背の低い野草群のなかで、その高さは異常にみえた。日本でもブナの森の湿地林でオタカラコウやメタカラコウをよくみかけるが、葉は苦くて、動物には食べられないという。オタカラコウのわきに背の低い黄花が散らばっていた。トウダイグサ科の一属、***Euphorbia*** の仲間と思うが、種は特定できなかった。トウダイグサの仲間も、有名な毒草群である。

ゴマノハグサ科のジギタリスに似て白花の草（五〇センチ高）もあった。『雲南野生花卉』から、サルビアの一種 ***Salvia digitaloides***（ジギタリスモドキ）とみた。サルビアの仲間は、セージという名のハーブとして知られている。葉に苦味質があり、薬用にされる。ということは、やはり、毒草の一種とみてよい。

そのほか、さまざまな、かわいい花が咲いていた。種名の見当のつかないものも、たくさんあった。これらの美しい草花は、おそらく、みんな毒草だろう。牧草地に生える美しい花は、原則として毒草なのだ。

同行のひとり、秋山列子さんの写真帳には、ツノシオガマ ***Incarvillea mairei***（ノウゼンカズラ科）、クサジンチョウゲ ***Stellera chamaejasme***（ジンチョウゲ科）、イチリンソウの一種 ***Anemone obtusiloba***（キンポウゲ科）、キク科の一種 ***Aster nepalensis***、リンドウ科の一種 ***Gentiana pseudosqurrosa***、ランの一種

ロスコエアの一種

麗江高原のコトネアスター
（撮影曽根田和子）

クサジンチョウゲ

オタカラコウの仲間
（撮影曽根田和子）

Cypripedium、などの記録があった。

ミヤマシロチョウを手掴みする

ハイウバメガシ群落のあいだを、かわいいシロチョウがのんびり舞っていた。ウバメガシの葉に止まった姿を観察してみると、羽根の裏側の翅脈は、黒く太く縁どられていた。地色は黄色だった。モンシロチョウ属のスジグロシロチョウに似ていると思ったが、地色が黄色のスジグロシロチョウは、日本にはいない。秋山さんがその蝶の証拠写真を撮ってくれた。私は、蝶の胸を指でつまんで圧殺し、手帳の紙で三角紙を作って蝶を収め、手帳にはさんで持って帰った。

日本には、モンシロチョウ属（*Pieris*）が三種いる。モンシロチョウ、スジグロシロチョウ、エゾスジグロシロチョウである。キャベツの害虫モンシロチョウは、じつは外来種（原産地は西アジア）で、もともと日本の蝶ではない。日本在来のモンシロチョウ属はスジグロシロチョウで、幼虫は野生のアブラナ科（イヌガラシ、タネツケバナ、ハタザオ、ユリワサビなど）を食べている。

しかし、玉竜雪山山麓の草原は、風のつよい荒れ地で、アブラナ科の野草はみられない。だからモンシロチョウ類は存在できそうにない。では、上述の黄羽のスジグロシロチョウはなにものなのか。

ミヤマシロチョウ（撮影秋山列子）

家に帰って、ゆっくり標本をしらべてみた。スジグロシロチョウによく似ているのだが、後翅末端の翅脈の形がちょっと異なっていた。そこで**P. Smart**『世界の蝶』をしらべてみたら、該当種が出ていた。学名は***Aporia hippia***とあった。アポリア属で、モンシロチョウ属ではなかった。

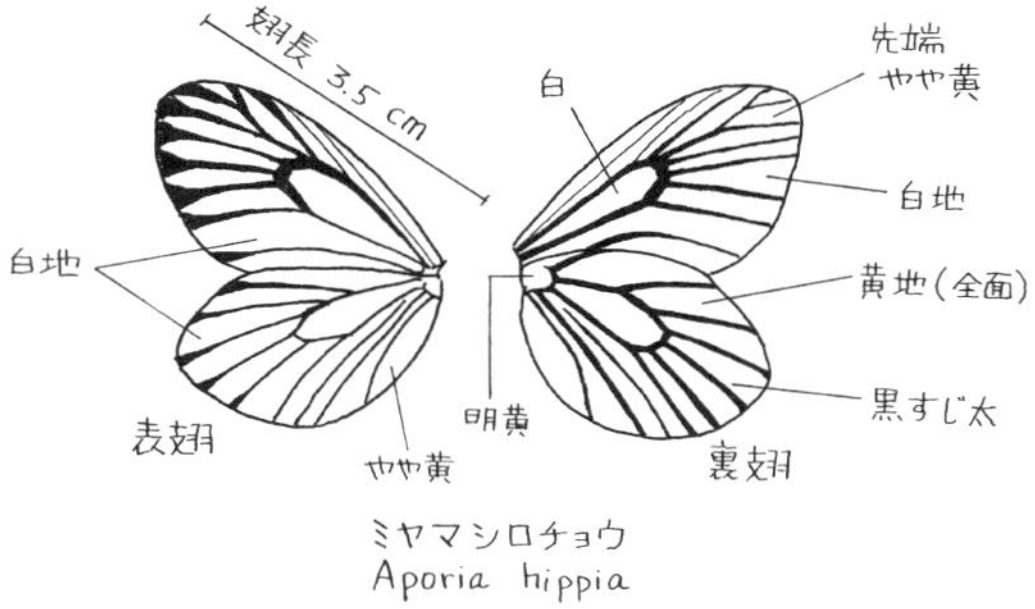

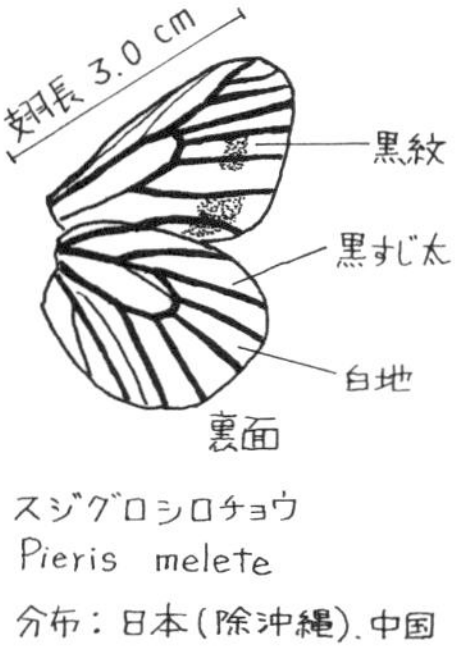

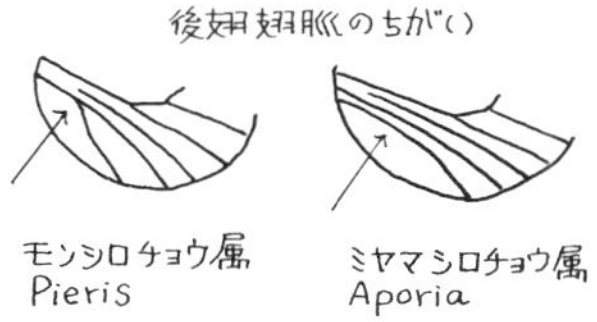

その蝶には、日本産、という記載があった。なんだ、日本にいる蝶か。そこで、あらためて日本の蝶類図鑑をしらべてみた。和名をミヤマシロチョウという種であることがわかった。私にははじめての蝶だった。

図鑑類によると、ミヤマシロチョウは、本州の中部山岳地帯にだけ分布し、北・南アルプス、美ケ原から霧ケ峰にかけて、浅間山など、標高一五〇〇～二〇〇〇メートルあたりの、林縁や草原にすむという。

幼虫の食樹は、メギ、ヒロハへ

ビノボラズなど、メギ属の樹木であるが、とくにヒロハヘビノボラズにつよい嗜好性があるらしい。

ミヤマシロチョウは、長野県の美ケ原（標高約二〇〇〇メートル）に多産するという。美ケ原は、現在でも牛の放牧が行なわれている。おそらく、牧場には刺のあるヒロハヘビノボラズがたくさん生えているのだろう。

ヒロハヘビノボラズは、山形蔵王ドッコ沼あたりの路傍でも、ときどきみかける。しかし、東北にはミヤマシロチョウは存在しない。ミヤマシロチョウが生きていくには、ヒロハヘビノボラズの数が少なすぎるのかもしれない。

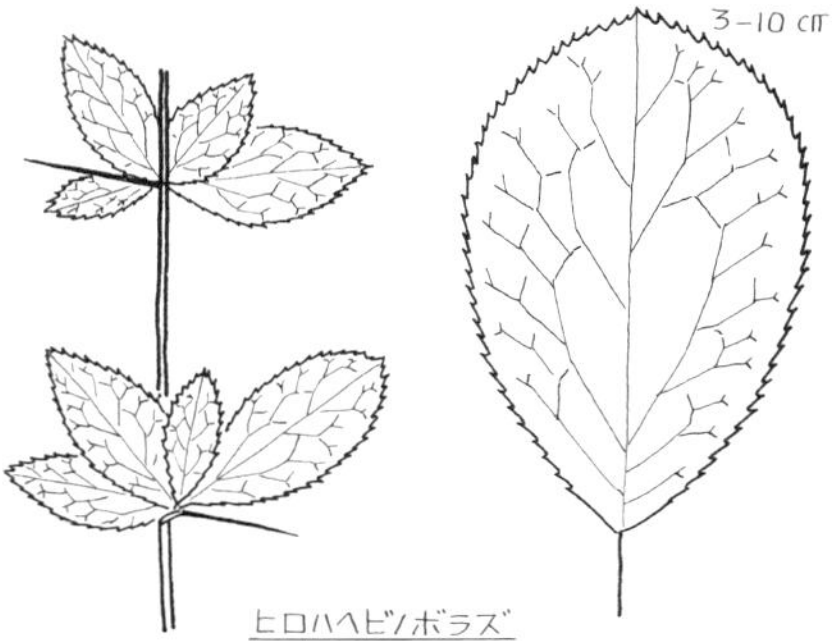

ヒロハヘビノボラズ
Berberis amurensis

この蝶の学名には、ヒッピーという種名がつけられている。命名者はこの蝶に、高原で自由に遊ぶヒッピーの姿をみたのだろうか。

ミヤマシロチョウは、日本本州のほか、国外では、朝鮮半島北部、アムール、ウスリー、中国東北部、同西部、チベットに分布し、台湾には近縁の別種が存在するという。典型的な隔離分布である。

とすると、今回、私たちがミヤマシロチョウを捕獲した場所は、この蝶の分布域の最西南地点、ということになるのではないか。もしかしたら新記録かも？

ミヤマシロチョウの隔離分布現象を考えていたら、さまざまな疑問が湧いてきた。この蝶のふるさとは、どこだろうか。なにが目的で、どの道をとおって、日本にやってきたのだろうか。雲南は、この蝶にとって、どんな場所になるのだろうか。

こんなことを考えていたら、だんだん、この蝶に興味が湧いてきた。

ミヤマシロチョウの仲間とメギ属の関係

じつは、日本には二種のアポリア属が生息している。ひとつは本州中部の高原にすむミヤマシロチョウであり、もうひとつは、北海道の平地から低山帯に広く生息するエゾシロチョウである。

そこでまず、この蝶たちが所属するアポリア属のことから考えてみることにする。村山修一『中国の蝶』によると、中国には二五種のアポリアが存在し、その分布は西部の山岳地帯に集中しているという。だから、そのあたりがアポリアのふるさとではないかと思う。ふるさとを出たアポリアは、ミヤマシロチョウとエゾシロチョウなど、少数しかないという。

また、この本には、グロス（Gross, 1963）の見解として、エゾシロチョウの拠点はロシアのバイカル湖の南に、ミヤマシロチョウの拠点は北東朝鮮に、ポタニンミヤマシロチョウ（*A. potanini*）の拠点は四川省にあって、それぞれが分布を拡大し、中国西部で合流して多様化していく様子が描かれている。

私は、これとはまったく別に、エゾシロチョウとミヤマシロチョウが、ふるさとの中国西部を出発して、日本にまでやってきた道を描いてみた。その考え方を、これから展開していきたい、と思う。

ミヤマシロチョウの行動を考えるには、まず、食餌であるメギ属についてしらべておく必要がある。そこで、『中国高等植物図鑑』から、メギ属の種別に分布地域を拾い出し、省ごとにメギ属の種数を地図上に書き込んでみた。結果、中国西部の中心地、四川省はメギ属の種数が一二で、もっとも多かった。このあ

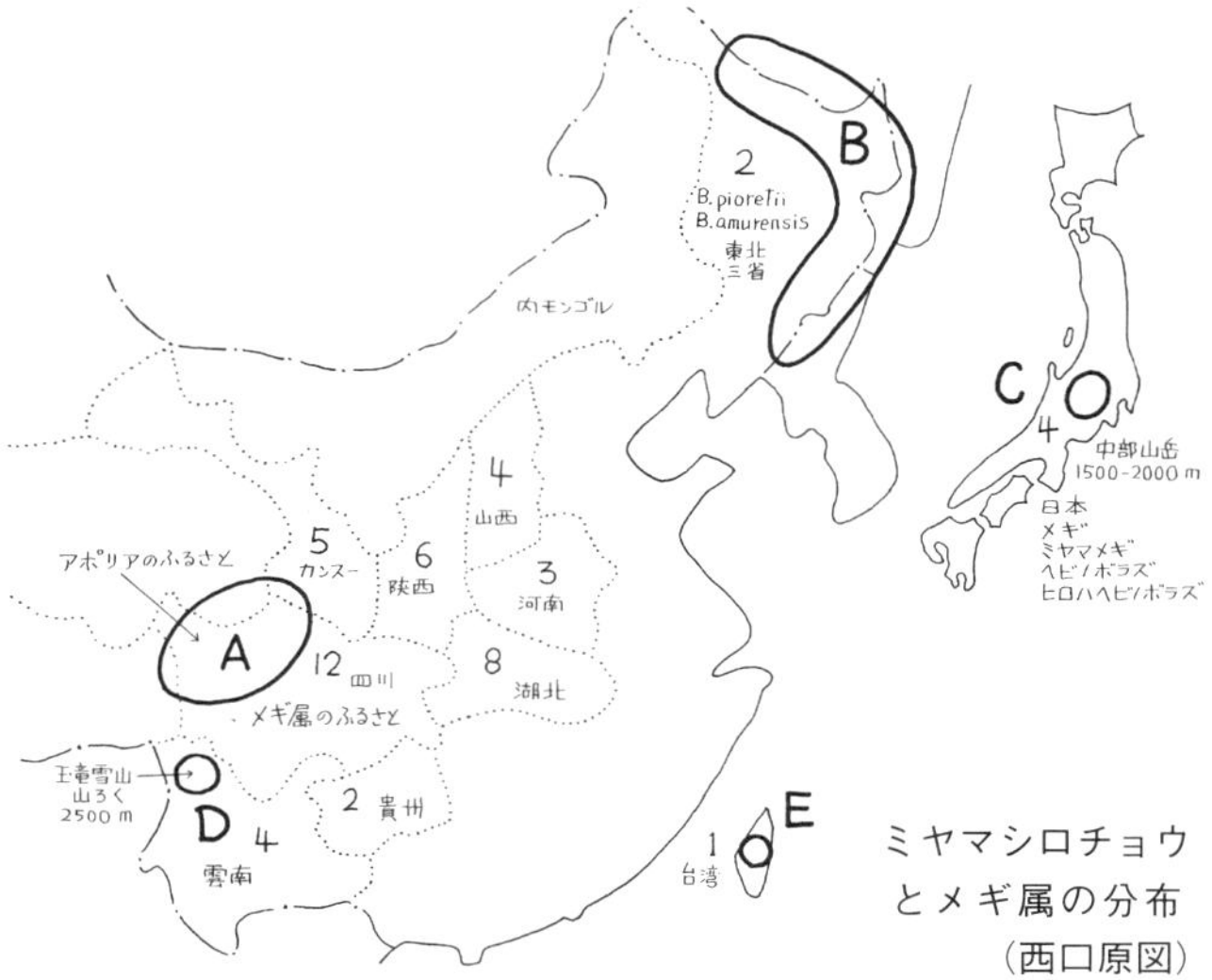

ミヤマシロチョウとメギ属の分布
（西口原図）

たりが、メギ属の中心地（ふるさと）であることを知った。雲南には四種のメギ属が記録されていた（上図）。華西の山岳地帯はメギ属のふるさとであり、同時にアポリア属のふるさとでもある。メギ属とアポリア属との深い結びつきのあることがわかった。

さてつぎに、ミヤマシロチョウが、なぜ、日本本州と、中国東北部周辺と、中国西部の三地域に、隔離分布しているのか、という問題にアプローチしていこう。

前述のように、日本には、アポリア属がもう一種存在する。エゾシロチョウである。

エゾシロチョウ（*Aporia crataegi*）は、日本では北海道にのみ生息する。形態はミヤマシロチョウに似ているが、ひとまわり大きく、翅脈に黒の縁取りがなく、羽の基部に黄色部がない、などから区別できる。

そしておもしろいことに、幼虫の餌植物が、メギ科ではなくバラ科で、なかでもサンザシ類、リンゴ類、ウワミズザクラ類の葉を好んで食べるという。学名の *crataegi* はサンザシを意味する。

さらに私の興味をつよく引いたことは、エゾシロチョウの分布が日本の北海道を東端とし、中国北部とロシア南部を経由してヨーロッパにまで、広範囲に広がっている、ということである。アポリア属の仲間でヨーロッパにまで分布を広げているのは、エゾシロチョウただ一種だけである。

この、ミヤマシロチョウとエゾシロチョウのちがいは、なにを意味するのだろうか。その意味をとくことによって、ミヤマシロチョウの隔離分布のなぞもとけてくるのではないか、と思われた。そこで私の考察は、いったん、ミヤマシロチョウからはなれ、エゾシロチョウへ移ることになる。

エゾシロチョウの歩いた道

アポリア属のふるさとは、華西の高山山岳地帯にある。だから、まず考えられることは、エゾシロチョウの先祖も、むかしは中国西部の山岳地帯にすんでいて、メギ科植物を食べていただろう、ということである。

このエゾシチョウの先祖が、ふるさとを出て、ユーラシア大陸北部に分布を拡大したきっかけはなんだろうか。その最初の動きは、この蝶が食餌植物をメギ科からバラ科に転換したことからはじまった、と私は考える。では、どのようにして、メギ科からバラ科に転換できたのだろうか。

四川省を中心とする中国西部の山岳地域は、まえに述べたように、メギ属のふるさとであるが、その植物社会のなかにはバラ科のコトネアスター属が構成員として参加している。

たとえば私たちは、麗江高原での観察で、コバメギとコバノベニシタンが同居しているところを見た。また、『中国高等植物図鑑』をしらべてみると、雲南には一五種ものコトネアスターが自生しており、その多くは高山の荒原をすみかとしていることがわかった。コトネアスター属のふるさとは、中国の西部から南西部にかけての高山の荒原だった。

このような状況のなかで、ある日、アポリア群のなかから、バラ科のコトネアスター属を食べるものが現われた。偶然のなりゆきだろうか。しかし、単なる偶然では、こんなことはおこらない。

おそらく、アポリアが大発生して、メギを食べつくしてしまったのだろう。そして、やむなく、近くに生えていたコトネアスターに食料を求めたのではないか、と思う。

しかし、食餌転換はかなり困難な仕事だったにちがいない。おそらく、失敗をくり返していたことだろう。そしてついに、ある個体が食餌転換に成功する。転換に成功した個体の子孫は、こんどは、メギよりコトネアスターを餌として選択するようになる。いわゆる、ホプキンスの宿主選択の法則である。

この食餌転換は、さらに第二の道を開くことになる。高原のまわりは、トウヒやモミ、あるいは五葉松の針葉樹林で囲まれている。そしてその林縁や林内には、バラ科のサンザシ類やリンゴ類、さらにはウワミズザクラの仲間が生活している。実際、私たちは、麗江の雲杉坪で、シウリザクラらしいウワミズザクラの一種を見ている。

メギ科からバラ科のコトネアスター属に食餌転換した蝶が、高原をはなれ、林縁のサンザシ類やリンゴ類（*Malus*）、あるいはウワミズザクラ類（*Prunus*）に食餌転換することは、それほど困難なことではない。なぜなら、おなじバラ科だから。かくして、第二の食餌転換がおきる。

この第二の食餌転換は、この蝶にとって、大きな意味があった。それは、この蝶が高山から降りて分布を北方の低地帯に広げることが可能になったことを意味する。なぜなら、サンザシ類、リンゴ類、ウワミズザクラ類は、北方の低山・低地帯に広く分布しているからである。

『中国高等植物図鑑』をしらべてみると、中国には、サンザシ属六種、リンゴ属一四種、ウワミズザクラ類三種が記載されている。そして、サンザシ類やリンゴ類の分布の中心は、甘粛、陝西、山西あたり、つまり華北西部にあり、南へは四川・雲南へ、北へは内モンゴルから東北部に広がっている。

サンザシ類やリンゴ類の生育分布の標高についてみれば、ごくおおざっぱな表現だが、華西では二〇〇〇〜三〇〇〇メートル、華北西部では一〇〇〇〜二〇〇〇メートル、東北では低地〜一〇〇〇メートルあたりにあり、北方ほど山を降りていくことがわかる。

また、ウワミズザクラ類についてみれば、ウワミズザクラが華西・華中に、マッキーウワミズザクラが東北三省に、エゾノウワミズザクラが東北・内モンゴル・華北西部に分布している。また、東北にはシウリザクラも分布しているという。すなわち、ウワミズザクラ類の分布の中心は、北に片寄っているといえる。

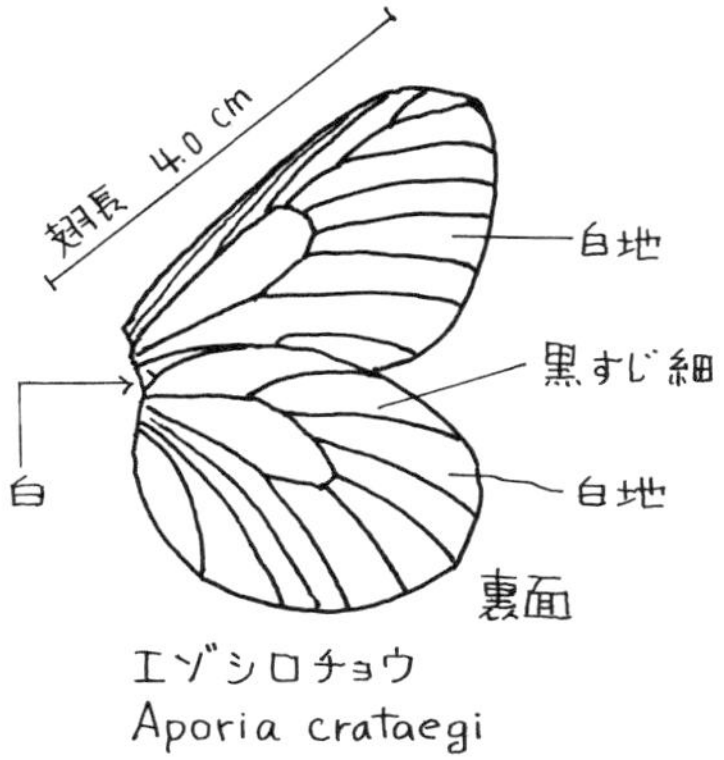

エゾシロチョウの先祖は、食餌をサンザシやリンゴやウワミズザクラに転換することによって、生息場所を中国西部から北へ、そして、山岳地帯から低山・低地帯へと拡大していったにちがいない。北方の低山・平地帯には湿原が多く、そこにはサンザシ類やリンゴ類、あるいはエゾノウワミズザクラが豊富に存在し、餌探しに苦労することはない。食餌転換は大成功だったと思う。

食餌転換したアポリアの一種（エゾシロチョウの先祖）は、北方へ進出し、東は、中国東北部からアムールをとおって日本の北海道に達し、西へは、ロシア南部を経てヨーロッパにまで到達することになる。そして、食餌樹種や生活環境をかえることによって、蝶の形態も変化し、エゾシロチョウという種に進化する。

ヨーロッパのエゾシロチョウは、現在でも、セイヨウサンザシを主食にしている。ただ残念なことに、ヨーロッパでは、エゾシロチョウの優雅な姿が蝶マニアに好まれて、乱獲され、いま絶滅の危機に瀕しているという。

日本の北海道では、エゾシロチョウは、ウワミズザクラ系のシウリザクラをより好んで食べているという。北海道にも、エゾサンザシ、クロミノサンザシなど、サンザシ類は存在するのだが、エゾシロチョウの生活を支えるには量が少なすぎるのではないか、と思われる。

エゾシロチョウは、ときに、リンゴ園で大発生することもあるという。この蝶の幼虫は、集団生活しており、しばしば、餌樹木を丸ぼうずにしてしまうのである。

エゾシロチョウは、リンゴの産地、北海道にきて、食べものが豊かで、しあわせ者だ、と思っているにちがいない。

ミヤマシロチョウの隔離分布

さて、話をミヤマシロチョウにもどそう。ミヤマシロチョウの問題は、なぜ、日本本州、中国東北部とその周辺、および中国西部、の三地域に隔離分布しているのか、ということである。その理由を、私はつぎのように推理してみた。

ミヤマシロチョウのとった行動はエゾシロチョウとは対照的である。エゾシロチョウの現在の分布は、餌植物をメギ属からバラ科に転換した結果の姿である。そして、ミヤマシロチョウの隔離分布は、この蝶が、食餌をメギ属から、ほかの植物にかえなかったことの結果、ともいえる。

ふるさとのアポリア群は、ミヤマシロチョウを含め、みんなメギ属を食餌にしている。だから、幼虫の大発生期には、メギをめぐって争うことになる。

エゾシロチョウの先祖は、食餌転換して、その争いから解放された。困難を克服するために、自己の体質を改造したのである。進歩的な蝶である。

一方、ミヤマシロチョウは、メギを求めて、生活場所を移動する作戦に出た。つまり、ふるさとをはなれて旅に出たのである。これは一種の逃げの姿勢である。ミヤマシロチョウは、原始的、保守的な性質の持ち主だと思う。

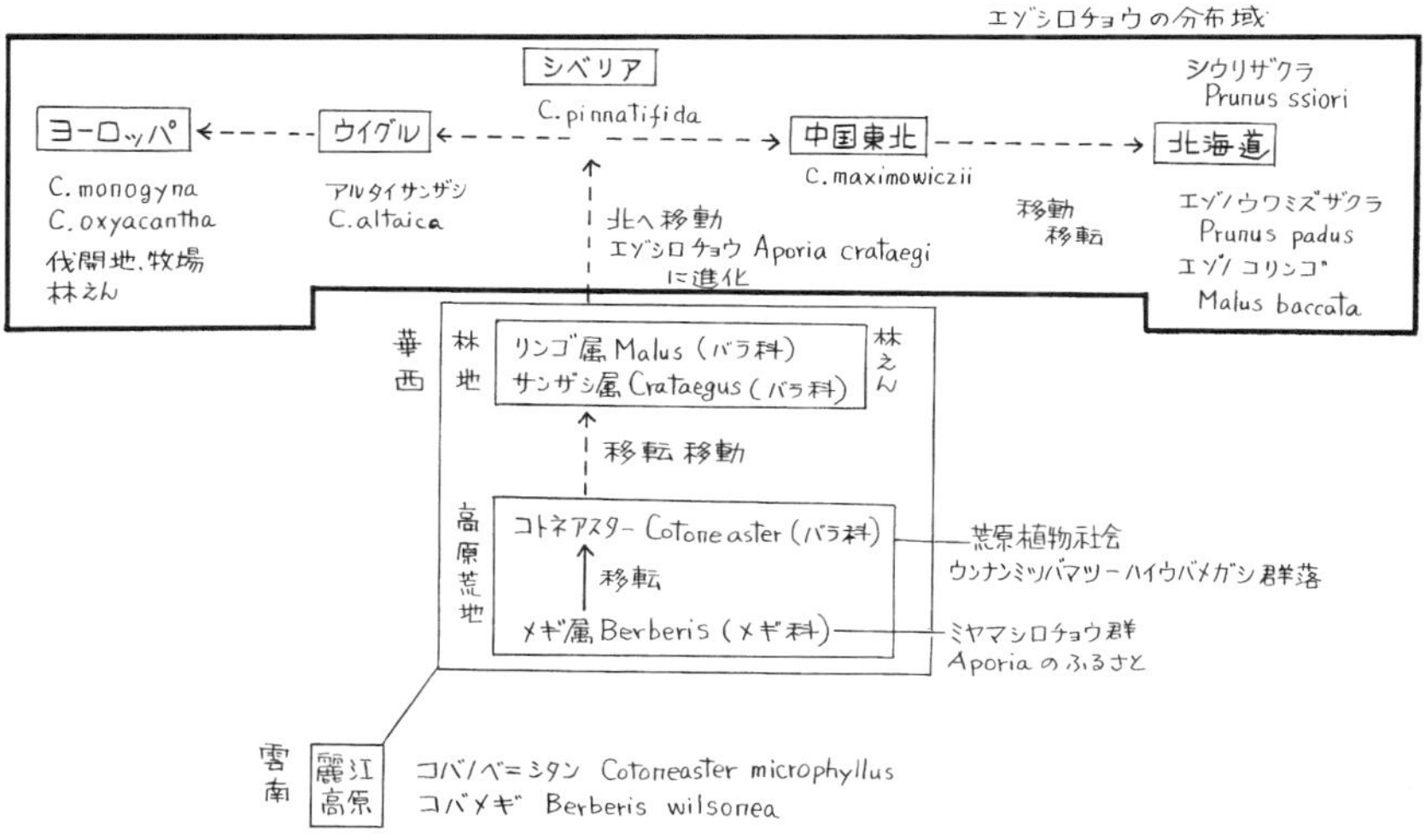

ミヤマシロチョウからエゾシロチョウへ

しかし、餌となるメギ属（とくにヒロハヘビノボラズの仲間）は、低地よりも高山山地帯に多いから、ミヤマシロチョウも、山を降りることなく、山脈の峰づたいに、北へと移動していったにちがいない。そして、カンスー、陝西の山岳部をとおって、東北部の大興安嶺から小興安嶺に入り、朝鮮半島北部の山岳地帯に到達する。

●注ヒロハヘビノボラズ（*B. amurensis*）は陝西、山西以北から東北三省にかけて、分布している。そして、朝鮮半島、日本にも分布する。

この北進行動は、おそらく、比較的最近のできごとだろう。一五〇万年まえにはじまった氷河期の到来に関係していると思う。なぜなら、隔離分布しているミヤマシロチョウの形態が、地域によって、大きなちがいがないからである。

ミヤマシロチョウは、氷河期に山を降り、間氷期に山をのぼる、という行動をくり返しながら、少しずつ、北へ移動していったのだろう。この蝶には、けっこう移動性があるらしい。

朝鮮半島北部の山岳地帯にまで旅してきたミヤマシロチョウは、そこに生活の拠点を築く。そしてその後、日本へ進出するのであるが、その行動は、三回目か四回目の氷河期の動きと関係がある。

すなわち、きびしい寒波の襲来で、ミヤマシロチョウは、朝鮮半島を南下して日本本州に避難するが、暖かい時代が到来するとともに、朝鮮半島北部にもどっていく。

そのとき一部のものが帰るべき道をまちがえて、本州を北上し、中部地方の山岳地帯にのぼって、そこでとり残されてしまうのである。その結果が、日本と中国東北・朝鮮北部との隔離分布を引きおこしたのである。

氷河期の、寒期と暖期のくり返した時代に、帰り道をまちがえた生きものがほかにもいる。その例をチョウセンゴヨウ（朝鮮五葉松）にみることができる。

チョウセンゴヨウも、ふるさとは、朝鮮半島北部から中国東北部にかけての山岳地帯にある。そして、間氷期の温暖期に、ふるさとへもどるべきところを、一部のものが、コースをまちがえて、本州中部の山岳地帯に迷いこんだのである。

日本のミヤマシロチョウもチョウセンゴヨウも、まさに氷河期の遺存種（relict　とり残されしもの）の見本みたいな生きもの、といえる。

ミヤマシロチョウのふるさと、中国西部の山岳地帯でも、似たような現象がおきている。氷河期に、山を南のほうへ降りた一群が、間氷期に四川の山へ帰るべきところを、まちがえて、雲南の山へのぼっている。私たちが、麗江の高原でみたミヤマシロチョウは、その子孫なのだろう。

ミヤマシロチョウの羽化は、七月上～中旬に最盛期をむかえるという。今度の夏は、この蝶に会いに、美ケ原にのぼってみよう。

パルナシウス物語

オオアカボシウスバの標本箱

宮城県鳴子では、六月はじめ、梅雨に入るまえのひととき、真夏のような暑い日が出現する。そんな日にはきまって、農場周辺の草むらでウスバシロチョウの集団の舞う姿がみられる。その姿をみると、夏が来たことを実感する。かの女たちは、のんびりと草花に舞っている。毒蝶で、野鳥に襲われる心配がないからだ。幼虫は、ケシ科ケマン属（*Corydalis*）のムラサキケマンやエゾエンゴサクの葉を食べる。

ウスバシロチョウは、シロチョウ科ではなく、アゲハチョウ科にぞくする。学名は***Parnassius cressida***といい、北海道から九州まで、広く分布している。蝶マニアから、憧れの響きをもって呼ばれている「パルナシウス」の仲間である。

パルナシウスの多くは、中央アジアから中国西部にかけての、高山山岳地帯のお花畑に生息する。透きとおる絹のような羽に、赤と青の眼状紋が、なんとも華麗な蝶たちである。

私は、高校時代（旧制）、鹿児島ですごした。入学してすぐ、山岳部と生物研究会に入った。生物研究会は小さな部屋だったが、部屋のすみに、昆虫の標本箱が一つ、放置されていた。標本箱のなかにはオオアカボシウスバが並んでいた。だれか先輩が、朝鮮半島で採集してきたものらしい。はじめて見るパルナシウスであった。赤色の眼状紋が目にしみた。私は、用もないのに、部屋に出かけては、パルナシウスを眺めていた。

だれも、この蝶には興味を示さなかった。標本箱は、いつも寂しく部屋のすみに放置されていた。戦争が激しくなり、文科の先輩は動員されて戦地に行った。理科の先輩は、卒業を早めて大学に行った。私たち一年生も、鹿児島を離れ、大分や長崎の軍需工場に行くことになった。私はオオアカボシウスバの標本に、「しばらく留守にするから、帰るまで待っていてくれよ」と、別れの挨拶をして、校舎をあとにした。

ヤブデマリの花に遊ぶウスバシロチョウ
（宮城県鳴子）

しかし三ケ月後、鹿児島はＢ29の空爆を受け、パルナシウスの標本箱は、校舎とともに灰となった。

オオアカボシウスバ（*P. nomion*）は、中国北部や朝鮮半島北部に生息する。残念ながら、日本には生息しない。ただ、北海道トムラウシ岳から採集の記録があるという。もし、オオアカボシウスバが日本にも生息するのなら、と考えただけでも、夢のような、楽しい話となるのだが。

ヘルマン・ヘッセとアポロウスバ

ヨーロッパアルプスにも、美貌が評判のパルナシウスが生息している。アポロウスバと呼ばれている。ヘルマン・ヘッ

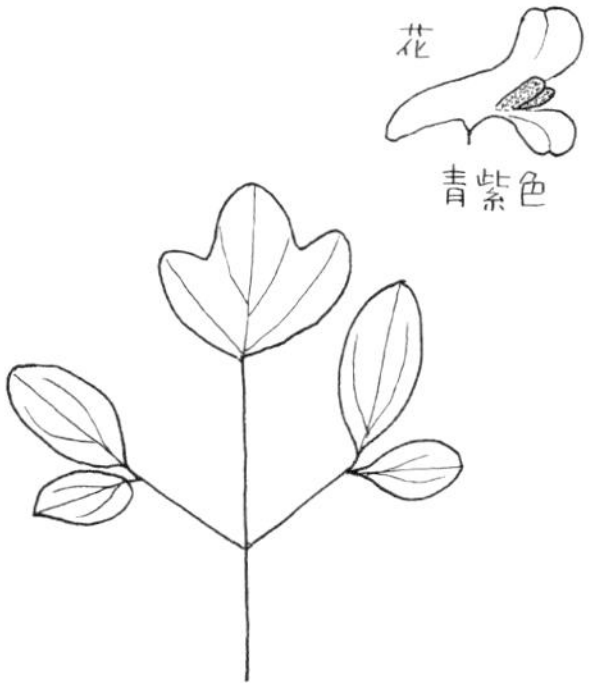

エゾエンゴサク
Corydalis ambigua

セは、ある小説のなかで、アポロウスバとの出会いを、次のように書いている。

「旅人はひとりぼっちで道のかたわらに暖かい日の光を浴びて寝そべっていた。………。そのとき一筋の白い輝きが彼をかすめすぎた。彼ははっと息をこらし、うかがうように目をあげた。音もなく、ゆうゆうと一羽の白い蝶が優雅な弧を描きながら空中から舞い下りてきた。そして、地面をすれすれにかすめ飛び、あたりをうかがうようにひらひら羽を動かすと、陽だまりの切りたつ岩面にぶら下がった。………。それから四枚の羽のすべてを暖かい光の中でゆうゆうといっぱいに開いた。アポロだ！　白い絹のような羽の上に、ひときわあざやかな翅脈の金属的に輝く優美な線があらわれた。そして雪白の絹のような羽のまん中には、すばらしい眼状紋が鮮血のように赤く輝いていた。」（岡田朝雄訳『ヘルマン・ヘッセ　蝶』より）

ヨーロッパの『蝶蛾図鑑』をしらべてみると、アポロウスバ（*Parnassius apollo*）はヨーロッパからトルコ、イラン、アルタイ山脈をへて、シベリアのバイカル湖畔まで分布している、とある。北方では低山に生息しているが、南のアルプスでは高山蝶になっている。

そして幼虫は、ベンケイソウ科*Sedum*属の草を食べるとある。図鑑には、黒地に橙赤色の斑紋を並べた幼虫の図も出ていた。その派手はで模様から、アポロウスバの幼虫は毒をもっているにちがいない、と思った。

Sedum って、どんな草？

幼虫の食餌植物は *Sedum* 属とある。では、*Sedum* 属とはなにものなのか。パルナシウスのことを書いた蝶の本をいろいろしらべてみたが、いずれの本にもベンケイソウ科キリンソウ属とある。

しかし、ヨーロッパの『蝶蛾図鑑』に描かれている植物は、葉が小さく肉質で鋸歯がなく、キリンソウというより、キリンソウ属のマンネングサの仲間のようにみえる。『牧野新日本植物図鑑』に出ているタカネマンネングサに似た形をしている。牧野図鑑によると、マンネングサ類は、海岸・山地の岩場に生えるものが多いという。

そこで、冨山　稔・森　和男『世界の山草・野草』をしらべてみると、ヨーロッパアルプスには、*Sedum* 属の植物として、*S. atratum* と *S. dasyphyllum* の二種が出ていた。いずれも、多肉質・匍匐性で、標高一〇〇〇〜三〇〇〇メートルの岩場に生えるとある。そして、所属は、ベンケイソウ科マンネングサ属とあった。

まさに、ヨーロッパの『蝶蛾図鑑』に描かれている、アポロウスバの幼虫が食べている草と、おなじ類のものであった。これからは、私も安心して、パルナシウスの食餌植物として、マンネングサ属という名を使いたい、と思う。

スイスアルプスのアポロウスバも、きっと、こんな高山植物を

アポロウスバの幼虫と食草のマンネングサ

友として生活しているのであろう。私もいつの日か、スイスアルプスに登って、アポロウスバを見たいものだと念願しているのだが、図鑑によると、その華麗さがあまりにも有名になって（ヘッセの影響か?）、昆虫マニアにねらわれ、現在は絶滅危惧種になっているという。残念!

日本のパルナシウス

私は前章で、中国西部の山岳高原地帯をふるさととするミヤマシロチョウ（アポリア属）の仲間について考察を進めてきた。それは、雲南の玉竜雪山山麓での、一匹の蝶との出会いからはじまった。

世界地図のうえで、アポリアたちの生息地域を確認していると、それより西方に、さらに高い山やまと砂漠—チベット高原、コンロン山脈、天山山脈、タクラマカン砂漠—が広がっている。そこが、パルナシウスのふるさとである。地図を眺めていると、パルナシウスが、そっと、私を呼んでいるような気がした。パルナシウスという蝶群はいったい、なにものなのか。私は、その素性が知りたくなった。パルナシウスのことをしらべてみよう。そうすることが、五〇年まえ、戦火に消えた標本箱の、オオアカボシウスバたちの供養にもなる。そんな想いもあって、この一文を書いている。

日本には、パルナシウス属が三種いる。ウスバシロチョウ、ヒメウスバシロチョウ、それにウスバキチョウである。

ウスバシロチョウとヒメウスバシロチョウ（*P. stubbendorfii*）はよく似ている。ヒメウスバは、日本では北海道だけに分布し、幼虫はエゾエンゴサクやエゾキケマンを食べる。ウスバシロチョウとは別種にされているが、生態学的にはひとつのグループとして扱ってもいいものらしい。

ウスバキチョウ（*P. eversmanni*）は、日本では北海道の大雪山系にのみ生息し、幼虫は高山植物のコマクサを食べる。コマクサは、ケシ科ではあるが、ケマン属とは別属の*Dicentra*にぞくする。しかし、蝶の専門家の意見によると、この三種は、形態的にはごく近縁の種だそうだ。

ウスバシロチョウとヒメウスバシロチョウは、日本のほか、中国大陸にも分布しており、ウスバキチョウは、さらに北方系で、シベリアからアラスカまで分布を広げている。

パルナシウスの誕生

パルナシウス属は世界に約四〇種ほどいるといわれている。そのうち九〇パーセントは、天山山脈、コンロン山脈、パミール高原、ヒンズークシ山脈、カラコルム山脈など、世界の屋根といわれる中央アジアの高標高地帯に集中的に生息している。

中央アジアのパルナシウスは、森林限界以上のお花畑にすむ。羽の華麗な絵柄は登山家の興味をそそり、多くのファンを魅了する。

学習研究社の子供むけの図鑑『オルビス学習科学図鑑・昆虫1』にも、世界のパルナシウスの仲間が、美しい写真で、かなり詳しく解説されている。大人が読んでも、楽しく、役に立つ本である。

パルナシウスは、ひじょうに変異性に富み、山ひとつ隔てると、羽の模様がかなり変わる。これは、パルナシウス属の蝶の飛翔力（移動力）のよわいことを示している。

小出雄一『世界のパルナシュウス』によると、パルナシウスの先祖は、中東にすむシリアアゲハ（*Archon apollinus*）に近い種らしい。たいへん原始的なアゲハチョウで、その化石が三〇〇〇万年まえごろの地層から出土している。現在、シリアアゲハは、低地の森林にすみ、幼虫はウマノスズクサ類を食べる。

いまから三〇〇〇万年まえ、といえば、ヒマラヤ造山活動がはじまり、中央アジア一帯が次第に盛り上がっていく時代のはじまりである。亜熱帯の気候のもとで、ウマノスズクサを食べていた先祖シリアアゲハの一部が、造山活動とともに中央アジアの高山帯に押し上げられていく。標高が高くなれば、気温も下がり、暖地性のウマノスズクサもなくなる。

ヨーロッパの蝶蛾図鑑には、アポロウスバはベンケイソウ科*Sedum*属（マンネングサ属）の野草を食餌にしている、と書いてあった。高山帯は、寒さと乾燥が支配する世界である。植物も、そんな環境に適応して、ベンケイソウ科マンネングサ類のような、肉厚葉をもつ植物が多くなる。

そこで最初、私はつぎのように考えた。先祖シリアアゲハが、高山へ押し上げられながら、食草をウマノスズクサからマンネングサへ転換して、高山蝶・パルナシウスが誕生した、と。

しかし『中国高等植物図鑑』をしらべてみると、中国には、*Sedum*属が一二一種存在するのに、西部の山岳高山帯には案外少なく、ただ一種、*Sedum angustum*という種が、甘粛、四川、青海の、標高一九〇〇〜三五〇〇メートルあたりに分布しているだけだった。予想に反し、中国西部の高山帯にはマンネングサ属が少なかった。だから、ウマノスズクサを食餌とする先祖シリアアゲハが、中央アジアの高山帯にのぼって、マンネングサに食餌転換したとは考えにくい。

そこでまた、子供むけの蝶の図鑑『世界のチョウ』（学研）をしらべてみると、中央アジアの高地に生息する美しいパルナシウスのひとつ、ミカドウスバ（甘粛、青海、チベット産）やチャールトンウスバ（ヒマラヤ産）の食草はキケマンの仲間とあった。

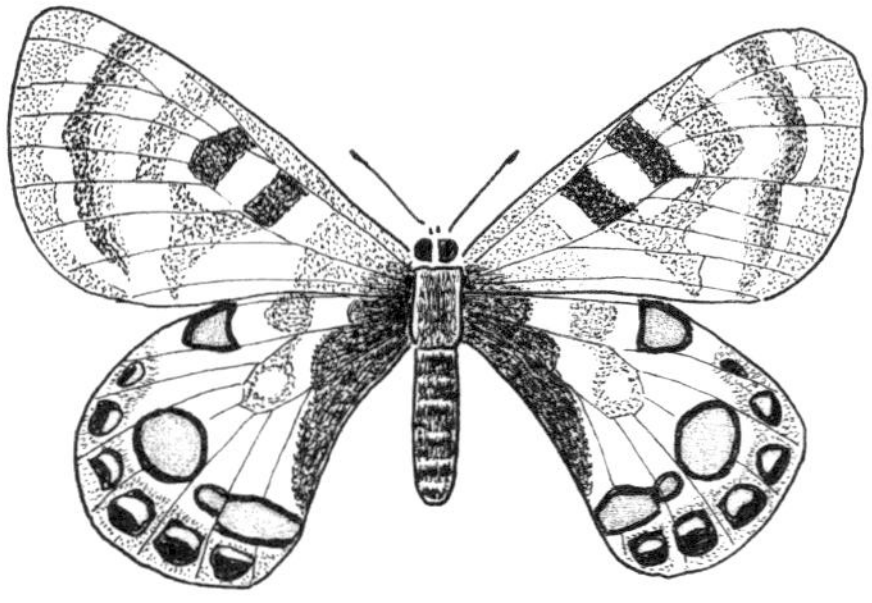

チャールトンウスバ
Parnassius charltonius

そこでまた『中国高等植物図鑑』をしらべてみると、ケマン属（*Corydalis*）は中国に二八種あり、そのうち甘粛、四川、青海、チベットなど、西部山岳地帯の、標高三〇〇〇～四五〇〇メートルの草地・石礫地帯には、八種も存在することがわかった。低地の植物かと思っていたケマン類が、なんと、予想に反し、高山でも標高の高いほうにすむ、本格的な高山植物であったとは。

ケマンソウというと、私たちは、きゃしゃな野草を連想するが、高山植物のケマンソウ類は肉厚の葉をもつという。高山の環境によく適応した植物らしい。しかも毒草である。

毒草ウマノスズクサ類を食餌にしていた先祖シリアアゲハが、中央アジアの高原にのぼって、毒草のケシ科ケマン属に食餌転換したであろうことは、容易に推測できる。

森林性の蝶・先祖シリアアゲハが、高山植物のケマン属に食餌転換し、パルナシウスという新しい蝶に変身したのは、ヒマラヤ造山活動がピークに達した時代、いまから二〇〇〇万年まえのころではないか、と思う。

中央アジアの高原でパルナシウスとなった蝶は、標高四〇〇〇～五五〇〇メートルあたりの山岳草原にのぼって、さらに、多くの種に分化していく。

小出雄一『世界のパルナシュウス』によると、チェチェンウスバ（*P. szechenyi* 美麗種）、シモウスバ（*P. simo* 小型種）、ミカドウスバ（*P. imperator* 大型美麗種）、チャールトンウスバ（*P. charltonius* 大型美麗種）などが、中央アジア一帯の高山山岳地帯から記録されている。

これらはいずれも、分布が局所的で、形態も特殊化しているという。このことは、これらの種がパルナシウス属のなかでも、古型の種類であることを示している。つまり、これらの種は、高標高地の、山域別に、隔離分布しており、そして四〇〇〇メートルを超える高い山やまの合間の草原で、かろうじて生き残っている「遺存種」ではないか、とも考えられる。

これら古型種の分化は、ヒマラヤ造山運動がいちだんと進行して、山の高さが森林限界を超え、お花畑が出現した時代、つまりいまから一〇〇〇万年まえより以前、と私は考えている。そして一〇〇〇万年まえより以後になると、進化したパルナシウス群が出現し、古型のパルナシウスは、高山山岳の、環境のきびしい地帯に追いやられたのではないか、と想像する。

パルナシウス、山を降りる

これらの高所残留組（古型）とは別に、世界の屋根から降りて、東北へ、北へ、西北へと分布を広げていく種（進化型）が現われた。低地にも、餌となるケマン属が豊富に存在する。だから、パルナシウスは低地でも生きていくことができる。

中央アジアの山岳地帯（四〇〇〇～五五〇〇メートル）から、最初に山を降りたのは、オルレアンウスバ（*P. orleans*）らしい。この種は現在、中国西部、四川・青海・チベットの、標高二五〇〇～五〇〇〇メートルあたりの草原に生息している。

古型パルナシウスの多くが、高標高の山岳お花畑にしがみついているなかで、オルレアンウスバは、なぜ、山を降りたのだろうか。おそらく、パルナシウス群の生息密度の増大から、新しい餌場を求めて、生活場所をかえたくなったのだろう。その行動が、山を降りる行動につながっていく。時代は、寒冷化が進行して、山岳地帯の中腹にも草原が拡大したころ、いまから一〇〇〇万年ないし七〇〇万年まえ、ではないかと思う。オルレアンウスバは、パルナシウスのなかでは、進歩的な性質をもっていたにちがいない。

このオルレアンウスバを拠点として、さらに多くの種が山を降りる。氷河期がやってきたからである。東北に進んだグループは、ひとつは低地帯（華東・華北から日本）に降りてウスバシロチョウ群（ヒメウスバを含む）となり、もうひとつは北極周辺まで行ってウスバキチョウとなる。北西にむかったグループは、コーカサス山脈の高原でノルドマンウスバ（*P. nordomanni*）となり、ヨーロッパの低地にまで降りたものはクロホシウスバ（*P. mnemosyne*）という種になる。

じつは、オルレアンウスバを含めて、これら五種は、同一の種あるいはそれに近い一つのグループとみなされている。だから、これら近縁種の分化は、比較的最近のこと、氷河期と間氷期がくり返された時代、つまり、いまから一五〇万年まえ以後のできごと、ということになる。

アポロウスバのとおった道

小出雄一『世界のパルナシュウス』によると、蝶分類の専門家は、パルナシウス属を形態面から、大きく二つのグループに分けている。

ひとつは、ベンケイソウ科マンネングサ属を食餌とするアポロウスバ群（パルナシウス亜属）と、もうひとつはケシ科ケマン属を食餌とするクロホシウスバ群（ドリティス亜属）である。アポロウスバ群は比較的均質な種の集合体であり、クロホシウスバ群は、多様な種群の集合体であるという。クロホシウスバ群のほうが歴史が古く、アポロウスバ群は、途中から、クロホシウスバ群から別れた一群、と考えてよいだろう。

では、アポロウスバ群は、クロホシウスバ群の、どこから別れて来たのだろうか。その源は、はっきりしていないらしい。ただ、アポロウスバ群のなかで、もっとも原始的と考えられるのは、アポロニウスウスバ（***P. apollonius***）（羽の模様や色彩がアポロウスバに似ている）という。だから、ことのはじまりは、この蝶の動きに関係がある、と私は推測する。

アポロニウスウスバは、現在、中央アジア高地の、標高二五〇〇～三五〇〇メートルあたりの草原に生息している。比較的、標高の低い場所である。このことは、高標高の山岳地帯（パルナシウスのふるさと）から、山を少し降りたところで、アポロニウスウスバが誕生したことを暗示する。

ケマン類を食草とするクロホシウスバ群から、マンネングサ類を食草とするアポロウスバ群が分離したのは、かなり古い時代、いまから一〇〇〇～七〇〇〇万年まえの話ではないか、と思う。

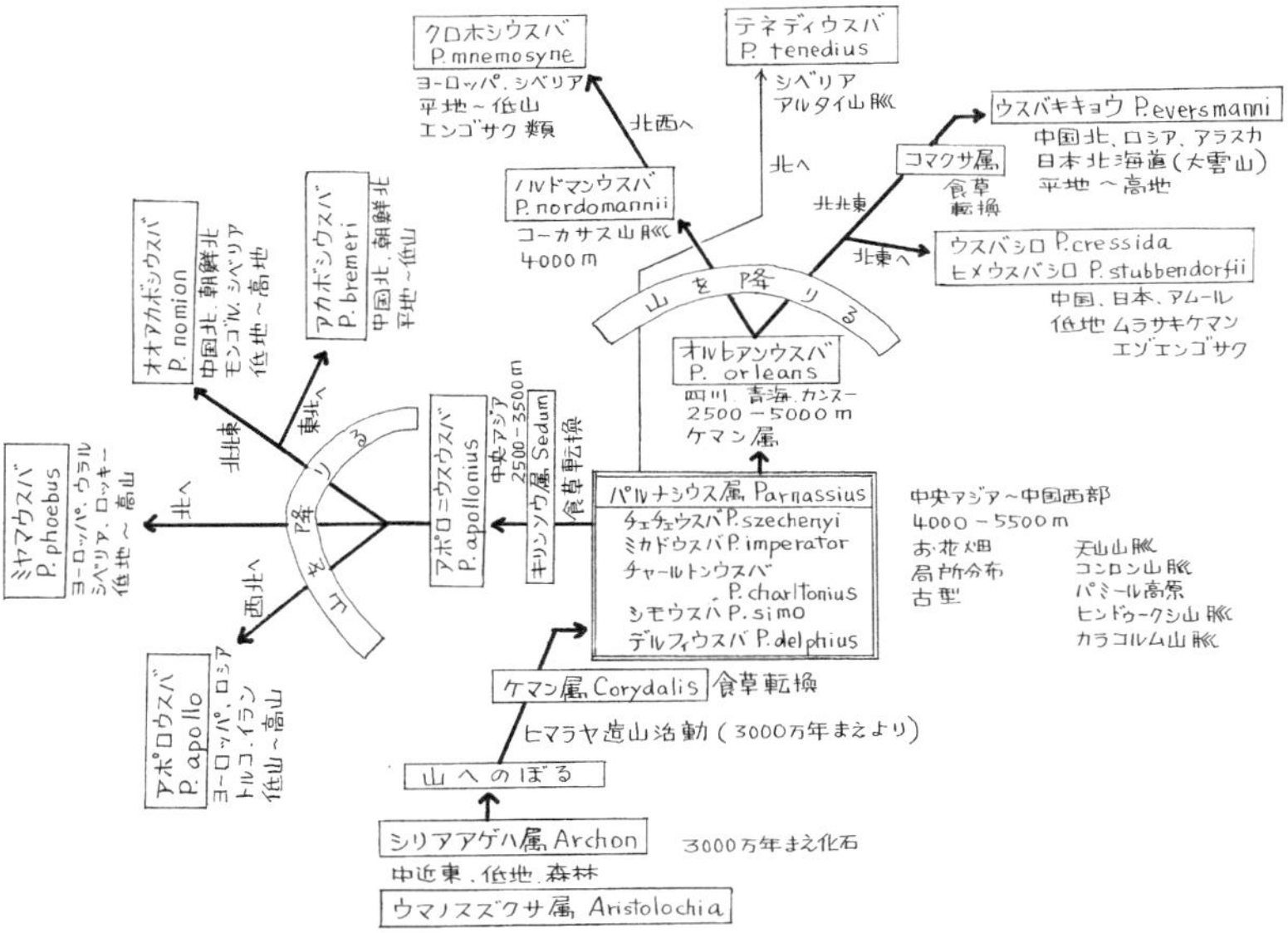

パルナシウスの歩いた道

そのころ、比較的標高の低いところにも草原が発達し、草原のなかに、マンネングサの仲間が大量に出現したのではないか、と想像する。それが、パルナシウスの食餌転換を誘発した、と私はみている。

食餌をマンネングサ属に転換してアポロニウスウスバとなった蝶は、やがて氷河期をむかえ、さらに山を降り、多くの種に分化することになる。

中国の東北部から朝鮮半島北部に進んだ一群は、美麗種オオアカボシウスバ（*P. nomion*）となり、また、アカボシウスバ（*P. bremeri*）となる。北西に進んだ一群は、ヨーロッパでアポロウスバ（*P. apollo*）という美麗種になった。この種は、ヨーロッパ中部のアルプスでは、また、山にのぼって高山蝶となる。北へ進んでシベリア平原に降りた一群はミヤマウスバ（*P. phoebus*）となるが、この蝶は、さらに、東に進んでアメリカのロッキー山脈にのぼり、西へはヨーロッパの低地帯にまで分布を広げている。

蝶の分類専門家によると、アポロウスバ群一〇種は、形態的なちがいは少なく、ひとつのグループとしてまとめられるという。おなじ時代に、山を降りた一族の分化した姿とみてよい。このあたりの情況は、前述したクロホシウスバ群のなかの、オルレアンウスバ一族の場合と、よく似ている。

結局、食餌をマンネングサ属にかえた組も、かえなかった組も、山を降りたパルナシウスたちは、みんな、大きく発展している。新天地への移動は、大成功だった。

パルナシウスの歩いてきた道をまとめると、前ページの図のようになる。

ケシの花が呼んでいる

雲南は、あちこち歩いたが、青いケシの花はまだみていない。ほかに、黄花や紫花のケシも存在するらしい。これらはいずれも雲南北西部の山岳地帯、標高三〇〇〇～四五〇〇メートルの草地にみられるという。ケシの花は、どんなところに咲いているのだろうか。ケシの花が呼んでいる。もう一度、雲南へ行かねばなるまい。

ケシには、強烈な毒―プロトピン（アルカロイド）―がある。中央アジアから中国西部にかけての山岳高原地帯には、すでに述べたように、多種類のケマン類が生えていて、パルナシウスの食草になっている。これもケシ科の毒草である。

中央アジア・中国西部の高標高の山岳草原地帯は、どうして、毒草が多いのか。これは、草食哺乳動物と関連がある、と私はみている。では、どんな種類の哺乳動物が生息しているのだろうか。そこで、平凡社『動物大百科4・大型草食獣』をしらべてみた。

まず野生ウマ（野馬）についてみれば、アルタイ山脈の草原にはモウコノウマが、北インドやチベットの砂漠ステップ（砂と草と灌木の混生地）には、アジアノロバが生息している。

ウマ類は、イネ科やカヤツリグサ科の草を主食にしている。ロバ類は灌木の樹皮や樹葉を食べる。これらウマ科動物は、植物繊維を後腸で分解・消化する。消化率はわるいが、腸での通過時間が短く、質のわるい植物でも、よくこなす。食べる草の量は牛（植物繊維分解の完全主義者）の倍も多い。しかし、生産力の低い土地でも、質のわるい植物をたくさん食べて、生きていくことができる。いまから一〇〇〇万年まえ、新第三紀の後期になって、ウマの種類は急に増える。これは、そのころから、地球の寒冷化が進み、高山帯に草原が発達し、イネ科植物が大量に出現してくるのと一致する。

ガゼル（ウシ科）は主として木の葉を食べるが、イネ科の草本や広葉草本も食べる。チベット高原の草原や砂漠ステップにはチベットガゼルが、中国北西部の砂漠ステップにはプジバルスキーガゼルが、そして、モンゴルと内モンゴルの乾燥ステップにはモウコガゼルが生息している。ステップの灌木は、ガゼルに抵抗するために、刺をもつ種類が増えてくる。

ウシ科のヤギ類は岩壁の多い山岳地帯に生息し、ヒツジ類は開けた、なだらかな乾燥草原に生息する。カシミール、モンゴル、中国西部の砂漠性山岳地帯にはヤギの仲間のアイベックスが、そして、パミールからチベット高原の寒冷な砂漠的草原には、ヒツジの仲間のアルガリが生息している。ヤギもヒツジも、質のわるい植物を、なんでも餌として利用する力があり、そしてまた、きびしい寒さにもよく耐える。

ヤギとヒツジ類は、氷河期に大発展したと考えられている。それはかれらが、ほかの草食動物が利用できないような、より高い山岳地帯の、砂漠や岩山の、きびしい乾燥、きびしい寒さ、わるい質の植物に適応できたからだろう。ヤギやヒツジは、氷河期が産み落とした動物といわれている。

中国西部や中央アジアの高標高地域の、草原や砂漠ステップに生える野草たちは、これらの草食獣の摂食に抵抗し、耐えなければ、生きていけない。高原・砂漠ステップの野草たちが、強烈な毒をもつようになったのは、草食獣に対する防衛だと思う。

そして、高山植物のケマン類やマンネングサ類たちが、毒をもって草食獣を防衛して生き残り、それなりに繁栄してくれたおかげで、それらを餌としているパルナシウスたちも、生き残ることができた。

ただ心配なのは、蝶マニアたちの気ちがいじみた網の追跡である。珍希種になればなるほど、追跡がきびしくなるのは、なんとも困ったことである。

蝶の始皇帝

ウマノスズクサーアゲハチョウ王国

高山お花畑の華麗な蝶たち・パルナシウス群を産み出した原点は、シリアアゲハ（*Archon apollinus*）にある。そしてシリアアゲハの注目すべき点は、毒草ウマノスズクサ類を食餌にしていることである。

日本で春の女神と呼ばれているギフチョウの先祖が、ウンナンシボリアゲハであろうことは、2部の「ウンナンシボリアゲハからギフチョウへ」の章で述べた。そして、このシボリアゲハ群も、ウマノスズクサを食餌にしている。

ヨーロッパでも、春の女神として人気を集めている蝶がいる。その名はタイスアゲハ（*Zerynthia polyxena*）。分布の中心は地中海にある。そしてこの蝶の食草もまた、ウマノスズクサである。

キシタアゲハ　熱帯雨林の林冠をゆうゆうと飛翔している

東南アジアの熱帯雨林で、世界の蝶マニアを虜《とりこ》にしてきた大型の華麗なトリバネアゲハ群やキシタアゲハ群も、やはり幼虫はウマノスズクサを食べている。

このように、ウマノスズクサという毒草を食べているアゲハチョウ類の集団は、一大蝶王国を構築しているのである。どれもこれも、蝶マニアのあこがれの的になっていて、「ウマノスズクサ―アゲハチョウ群」と呼ばれている。

この蝶王国は、さまざまな蝶たちの、偶然の集まりからできたものではない。なぜなら、ウマノスズクサという毒草を餌にしてしまう技術は、どんな蝶にでもできる、というものではないからだ。

おそらく、ウマノスズクサを食餌にする技術を獲得した、特別な蝶がいたにちがいない。「ウマノスズクサ―アゲハチョウ王国」は、その一種の先祖から、進化・発展・分化してきた大集団だと考える。私は、その蝶に「蝶の始皇帝」という尊称を与えたいと思う。

キシタアゲハの幼虫　食草はウマノスズクサの一種（西双版納にて　　撮影秋山列子）

蝶の始皇帝

では、「ウマノスズクサ―アゲハチョウ集団」の先祖は、なにものだろうか。蝶のことを、あまりよく知らない者（私）にとって、この問題を考えるうえで役に立ったのは、黒沢良彦監修『オルビス学習科学図鑑・昆虫1』(学研)と、小出雄一『世界のパルナシュウス』(ニューサイエンス社)の二冊の本だった。これらの本をたよりに、ウマノスズクサを食餌としているアゲハチョウたちの関係をつないでみると、表5のようになった。

パルナシウス群の先祖はシリアアゲハ系で無尾、ギフチョウやシボリアゲハ群の先祖は、タイスアゲハ系で有尾である。この両系は近縁で、パルナシウス群団としてまとめられる(群団は私の命名)。

一方、無尾のトリバネアゲハ群やキシタアゲハ群と、有尾のベニモンアゲハ群やジャコウアゲハ群も、互いに近縁で、ジャコウアゲハ群団としてまとめられる。

さて、問題は、パルナシウス群団とジャコウアゲハ群団の共通の先祖こそ、毒草ウマノスズクサを食餌にした、蝶の始皇帝ということになる。それは、なにものなのか。私がたよりにした二冊の本からは、うかがい知ることはできなかった。

これからは、私の勝手な推理小説となる。

ウマノスズクサを食餌にする蛾はいない

ウマノスズクサ属は、日本では関東以西から沖縄に分布し、中国大陸にも南部を中心に数種が存在する。しかし、この植物の生息中心地は東南アジアの熱帯らしい。トリバネアゲハの大発展がそのことを示している。

ウマノスズクサ属(*Aristolochia*)は、全草にアリストロ

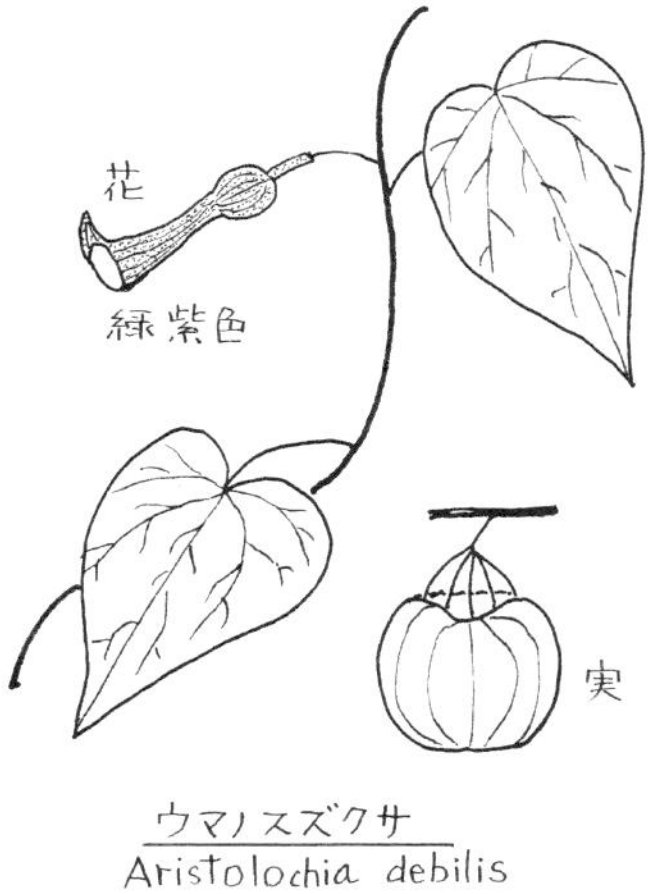

チンというアルカロイドをもち、ほかにも二、三の毒成分を含む。熱帯で大発展したトリバネアゲハ類は、ウマノスズクサ類の植物毒を自己防衛に利用している。野鳥たちに毒の存在を警戒させるべく、羽を、金属光沢の派手な色彩で飾っている。

そして、その毒に、蝶はやられない。ウマノスズクサを食餌にしているアゲハチョウたちは、その毒を無毒化する技術を獲得したのである。

蝶と蛾は、系統的にはおなじもので、鱗翅目としてまとめられる。ただ、蛾のほうが歴史は古く、蝶は、途中から蛾群と別れた、と考えられている。

蛾類のなかには、現在でも針葉樹（中世代に繁栄した）を食餌にしている種類が多くみられる。たとえば、マツカレハ、クロスズメ、マツキリガはマツ類を、スギドクガはスギを、ハラアカマイマイはモミ類を、オオチャバネフユエダシャクはモミやカラマツを食餌としている。しかし、蝶類には針葉樹を餌にしている種はいない（唯一例外は北米のマツノキシロチョウ）。

では、蝶よりも古い時代から生きている蛾類で、ウマノスズクサを食餌として利用しているものがいるだろうか。一般の蛾類図鑑には、蛾の種ごとに、食餌植物が列記されている。多食性の蛾であれば、十数種の

表5　ウマノスズクサ－アゲハチョウ王国の構成

- 蝶の始皇帝
  - パルナシウス群団
    - 無尾群　シリアアゲハ
      - パルナシウス
      - ケマンソウ属
      - マンネングサ属
    - 有尾群　タイスアゲハ
      - シボリアゲハ
        - ギフチョウ
        - ウスバサイシン属
        - カンアオイ属
      - タイスアゲハ
  - ジャコウアゲハ群団
    - 無尾群
      - トリバネアゲハ
      - キシタアゲハ
    - 有尾群
      - ベニモンアゲハ
      - ジャコウアゲハ

植物名が出てくる。そんななかから、ウマノスズクサを食べている蛾を拾い出すのは、たいへんな作業である。

さいわい、植物の種別に、それを食べる蛾の種類を記載した本があった。宮田 杉『蛾類生態便覧』である。そこで、その本から、ウマノスズクサを食草にしている蛾をしらべてみた。ただ一種、フチグロトゲエダシャクが記載されていた。

しかし、井上寛他『日本産蛾類大図鑑』で確認してみると、フチグロトゲエダシャクは広食性の蛾で、食草としてタデ、マメ、バラ、キクなどがあげられている。この蛾がウマノスズクサを食べたという記録は、たまたまのできごとらしい。結局、ウマノスズクサだけに依存して生きている蛾は一種もいない、ということになる。そんな状況のなかで、蝶の始皇帝がウマノスズクサを食草にしたことは、画期的なできごとだったといえる。では、蝶の始皇帝が、どこからやってきて、どのようにしてウマノスズクサを餌にしたのだろうか。

『牧野新日本植物図鑑』によると、ウマノスズクサ属は、ウマノスズクサ目にぞくする。その目に系統的に近いものとして、キンポウゲ目が記載されている。キンポウゲ目には、ウマノスズクサに似た有毒の蔓植物・アオツヅラフジが存在する。私は、この植物に注目してみた。

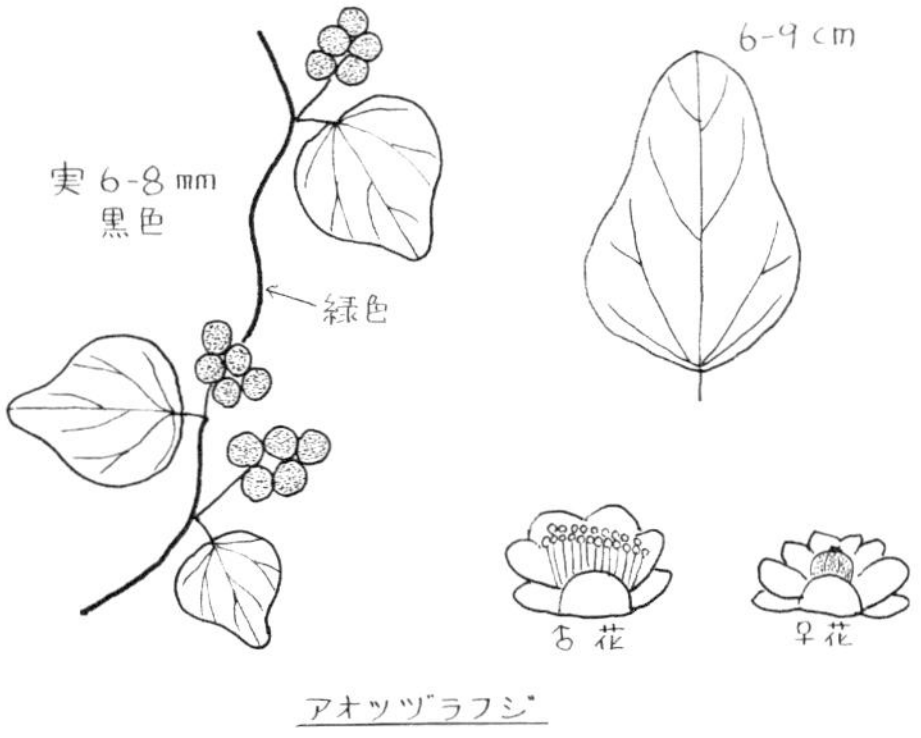

アオツヅラフジに注目

アオツヅラフジ（*Cocculus trilobus*）は、林縁に生える落葉性の蔓植物で、本州・四国・九州・沖縄に分布し、国外では、台湾、中国大陸に分布する。

薬草学の本には、トリロビン、ホモトリロビンなどのアルカロイドを含むとある。中国では木防已と呼ばれ、利尿薬にされている。

そこで、毒草・アオツヅラフジの葉を食べる蛾が存在するのかどうか、しらべてみた。『蛾類生態便覧』には、マダラエグリバ、キンモンクチバ、キンイロエグリバ、ヒメエグリバ、アカエグリバ、ヒメアケビコノハ、アケビコノハ（いずれもヤガ科シタバ類）など七種が記載されていた。

そこで、これらの蛾類の食餌植物を『日本産蛾類大図鑑』で確認してみると、エグリバ類は、アケビコノハ（アオツヅラフジのほか、アケビも食べる）を除けば、いずれも、ツヅラフジ科の植物を専門に食べていることがわかった。これらの蛾は、アオツヅラフジ類という有毒の蔓性樹木に依存して生きている生きものたちであった。

日本の植物図鑑類によると、ツヅラフジ科は日本には七種あり、いずれも日本から中国大陸の温帯域に分布するが、一部の種は、熱帯系で、沖縄・中国南部から東南アジアの熱帯に分布するものもあった。また、『中国高等植物図鑑』には、ツヅラフジ科一四種が記載されてあり、南部を中心に分布していることがわかった。

アオツヅラフジの仲間は、温暖な土地の植物らしい。そして、おそらく、おなじ蔓植物のウマノスズクサ類と混生しながら、林縁植物として生活してきたのではないか、と思う。

ウマノスズクサを食餌にした蝶

これからは、私の推理小説となる。ツヅラフジ科の蔓植物を食餌にしている蛾類のなかから、食草をウマノスズクサ科に転換するものが出現する。ウマノスズクサ科には、葉を食べる蛾類がいないから、ウマノスズクサを食餌にすることができれば、ほかの蛾類と餌の奪いあいをしなくてすむ、というメリットがある。

かくして、蛾のなかから原始蝶が生まれた。ではそれは、いつの時代のできごとなのか。

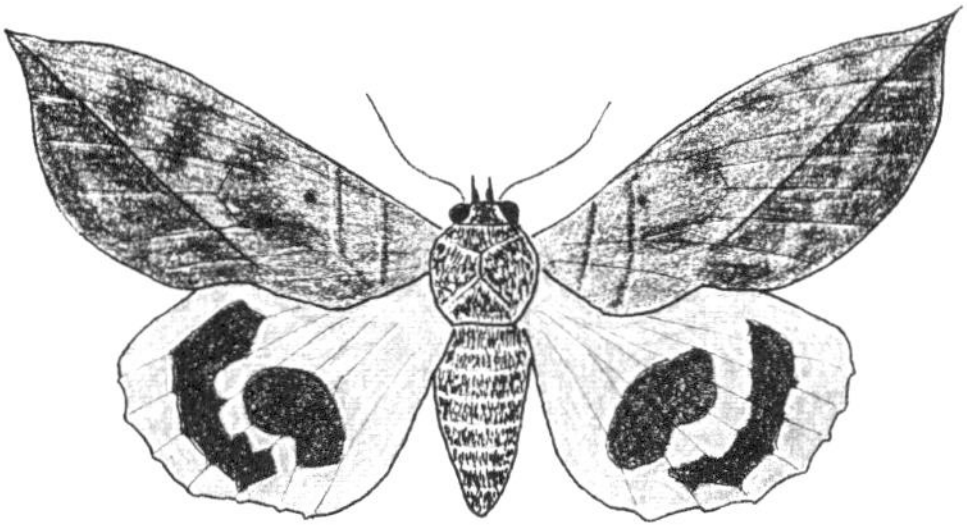

アケビコノハ *Adris tyrannus*

アケビコノハの幼虫
（仙台にて、撮影阿部澄子）

シリアアゲハ
Archon apollinus

アオツヅラフジ科はキンポウゲ目にぞくする。そして、系統的に近く、そのひとつ前に位置するのがモクレン目である。モクレン科は、広葉樹のなかでは、もっとも原始的な性質をもっている植物とみられている。中生代(恐竜と針葉樹の時代)の最終時期に出現してくる。樹皮にマグノクラリンというアルカロイドを含む。アルカロイドは、針葉樹にはない毒である。この毒がなかなか強力で、恐竜は、その毒を認知する感覚がなく、その毒を食べて滅びた、という説がある。

アオツヅラフジ属（*Cocculus*）の植物も、北海道の古第三紀の地層（いまから五〇〇〇～三〇〇〇万年まえ）からよく出てくる。そうとうに古い植物である。ウマノスズクサ属も、似たような情況にあったと思う。

アオツヅラフジやウマノスズクサなどの、林縁に生える蔓植物が毒をもっているのは、やはり草食恐竜に対する防衛ではなかったか、と私は想像する。古第三紀初期のころの話だから、強力な草食哺乳動物はまだ出現していない。

蝶の始皇帝が現われたのは、中生代が終わり、古第三紀がはじまったころであろうと私はみている。そのころ、植物の世界でも、針葉樹（裸子植物）中心だった社会に、広葉の草木（被子植物）が一挙に増加して、針葉樹を圧倒するほどに、大きな変化があらわれる。植物の世界は一気に多様化が進む。

蝶の始皇帝

そして、植物社会の多様化に呼応するかのように、広葉の草木を食餌とする蝶が出現してきたのである。同時に、ウマノスズクサという草本を食餌にする蝶の種類も急増する。

ウマノスズクサという毒草を餌植物として、自分のものにしてしまった蝶の始皇帝は、その後、パルナシウスやギフチョウやトリバネアゲハという、華麗な蝶群へと発展していくことになる。

では、蝶の始皇帝は、どんな姿をしていただろうか。これも、想像にすぎない話だが、羽には尾はなかったと思う。なぜなら、蛾には、原則として羽には尾がないから、蛾から分かれたばかりの原始蝶にも、尾はなかった、と考えるのがすじだろう。

尾のない原始蝶といえば、パルナシウス群団の先祖、つまり、シリアアゲハの系統ということになる。

一言でいえば、先祖シリアアゲハが、蝶の始皇帝にもっとも近い、と私は考えている。

その直系の子孫であるシリアアゲハは、現在、中近東の乾燥地にすみ、バルカン半島東部にもいるという。国名でいえば、ブルガリア、ギリシア、トルコ、シリアあたりが、この蝶のふるさとなのだろうか。

一度、現地を訪問して、産卵のためウマノスズクサの上を飛びまわるシリアアゲハの姿をみたいものである。

クサギの戦略、パピリオの戦略

ダーラの熱帯雨林にて

ダーラ（打洛）の熱帯雨林は、ミャンマーと堺を接する国境の森だった。国境には一本の石標が建っているだけだった。国境のむこう側は伐開されていて、イモノキが植林されていた。最初はすこし緊張感があったが、案外、のんびりした雰囲気だった。

この森の中心になっている樹木は、ガジュマル（クワ科イチジク属 ***Ficus***）の仲間だった。巨大な幹は数本の幹が合体してできており、その太さは一メートルを超えるものも少なくなかった。枝からは何本も気根が垂れさがっていた。いわゆる、しめ殺しの木である。

それ以外の高木たちは、どんな種類なのか、わからなかった。しかし、山道ぞいの灌木には、日本でおなじみの植物がいろいろ目についた。

アカメガシワ、ハクウンボク、ウリノキ、タラノキ。それにクズ、ワラビ、チヂミザサ、サルトリイバラなどなど。日本暖地の樹木あるいは野草の、おなじ種かそれとも近縁の種が、雲南の熱帯雨林にたくさん存在することを知った。

かわいい、ピンクの花をつけた灌木は、ノボタンの仲間だった。これは熱帯系の植物だが、日本にも数種存在する。沖縄にはノボタン、ヤエヤマノボタンなどがみられる。

小さな紅花をつけたコンロンカ（アカネ科の蔓性樹木）が、いたるところで藪を形成していた。白い花弁にみえるのは巨大化したがく片のひとつであった。この仲間も熱帯系の植物であるが、日本でも九州南部から沖縄にかけてみられる。これは、ヤエヤマイチモンジの幼虫の食餌である。

道ぞいのあちこちに、白花を集散花序に咲かせている灌木があった。その花にはクロアゲハ、カラスアゲハ、モンキアゲハ、シロオビアゲハ、ナガサキアゲハなど、アゲハチョウの仲間が舞っていた。

これは蝶の花だ。花は長い筒になっていて、中からおしべとめしべが数本、突出していた。アゲハチョウは、長い口吻を伸ばして、花筒のなかから蜜を吸いとる。

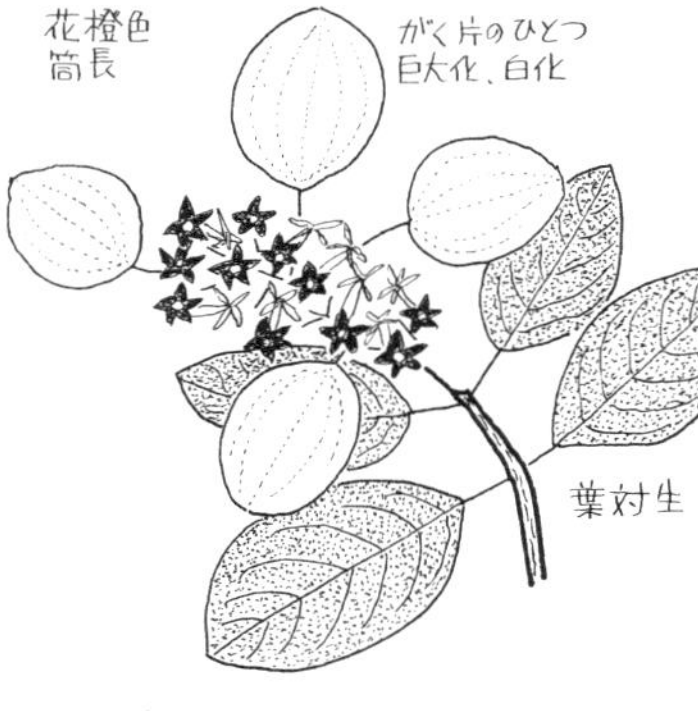

ウンナンヒロハコンロンカ（アカネ科）
Mussaenda davaricata

「なんだろう、この木は？」

「クサギの花に似ている」

と伊藤さんがいった。去年の秋、クサギの花を写生したのだが、花の形がそれに似ているというのだ。伊藤さんにいわれて、葉をむしってもんでみると、ゴマ臭がした。葉形もクサギに似ている。まちがいなく、クサギの仲間だ。植物の絵を描くという行為は、観察眼を向上させるものだ、と感心した。

クサギの花には芳香があり、蝶がよく集まることで知られている。クサギは、暗い森のなかより、林縁や、伐開地のあ

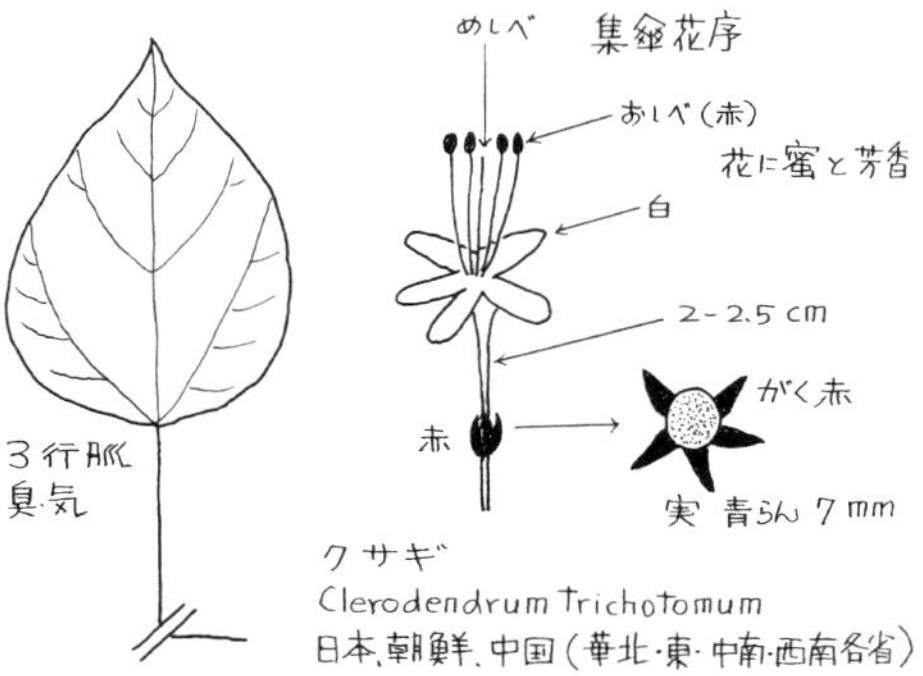

る明るい場所が、お気に入りのようだ。そんな場所には、また、ノボタンやコンロンカなどの灌木や蔓性植物が、にぎやかに花を咲かせている。

クサギの花の構造

帰国してから『中国高等植物図鑑』をしらべてみると、下記のような記載があた。

クサギ属（***Clerodendrum***、クマツヅラ科）の花は、花弁が五枚で、下部は細長く筒状に伸び、その基部にがく片が五枚ついている。がく片は、実（黒か青藍色）ができても残っていて、美しい紅色に変化する。花筒から長いしべ（おしべ数本とめしべ一本）が突出して、よくめだつ。

私も図鑑をみながら、花の形を描いてみて、はじめてクサギの花の特徴がわかった。しべの突出が特異的である。

アゲハチョウは、飛翔しながら花の蜜を吸う。そのとき、花粉が蝶の体に付着するよう、おしべ、めしべを突出させているのだ、とわかった。

中国のクサギ属は、南部を中心に二三種もあった（日本には一種しかない）。そのなかに、日本でおなじみのクサギ（*C. trichotomum*）も存在していた。

クサギ属は暖地の樹木であるが、落葉性である。これは、乾季・雨季のはっきりしている亜熱帯域―中国雲南からインドシナ半島内陸部にかけて―をふるさととする植物ではないか、と思った。

パピリオの食餌植物

アゲハチョウの仲間で、モンキアゲハやカラスアゲハなど、われわれになじみ深い、大型の蝶は、パピリオ属（*Papilio*）として、まとめられている。進化したグループだと思う。

クサギの花にはパピリオの仲間がよく集まる。そして、パピリオがいる、ということは、その幼虫の餌木になる木も存在することを意味する。では、それはどんな植物なのだろうか。

雲南の熱帯雨林でみたパピリオたちは、日本でも生息している。そこで、日本の蝶類図鑑から、その幼虫の食餌植物をしらべてみた。

モンキアゲハ　：カラスザンショウ、ハマセンダン、キハダ（以上ミカン科）
カラスアゲハ　：カラスザンショウ、キハダ
クロアゲハ　　：カラスザンショウ、コクサギ
ナガサキアゲハ：ミカン科植物、とくに栽培ミカンを好む
シロオビアゲハ：ミカン科植物

上記五種を含め、パピリオ属のアゲハチョウ類は、食餌植物の基本をミカン科においていることがわかる。

カラスザンショウとハマセンダンは雲南にも存在する。キハダはないが、近縁のウンナンキハダが存在する。これらの野生ミカン科樹木は、ダーラの熱帯雨林にも、豊富に存在するであろうことは、アゲハチョ

ウの存在が示している。

栽培用ミカン類は、日本でも中国でも、いまや、いたるところに植栽されている。

クサギとスズメガ

中山周平『野山の昆虫』によると、クサギの花には、また、セスジスズメ、キイロスズメ、コスズメ、エビガラスズメなど、スズメガ科の蛾が、夜間、吸蜜にくるという。これらのスズメガ類も、飛翔しながら、口吻を伸ばし吸蜜する。クサギの花によく適応している蛾である。昼はアゲハチョウ類が、夜はスズメガ類が、時間帯をすみわけながら、クサギの花蜜を利用しているのである。『原色昆虫大図鑑Ⅰ』をひもといてみると、上記の蛾たちも中国に生息していることがわかった。

これらの蛾たちの幼虫は、ノブドウ、ヤブガラシなどのブドウ科（セスジスズメ、コスズメ）、ヤマノイモ、トコロなどのヤマノイモ科（キイロスズメ）、フジマメなどのマメ科（エビガラスズメ）を餌にしている。

そこでまた、『中国高等植物図鑑』をひもといてみると、これらの食餌植物も、中国大陸に広く存在していた。ノブドウ属は七種、ヤブガラシ属は三種あり、日本より多種であった。なかでも、ヤマノイモ属（*Dioscorea*）は、ヤマノイモ、トコロを含めて、三〇種もあり、その大部分は南部を中心に分布している。

食餌植物の豊富さから考えると、これらのスズメガ類は、日中共通種といっても、中国南部がふるさと、と考えてよいだろう。そして、ヤブガラシやトコロが、分布を日本にまで広げてきたおかげで、スズメガ類も、日本列島にやってきた、と考えられる。

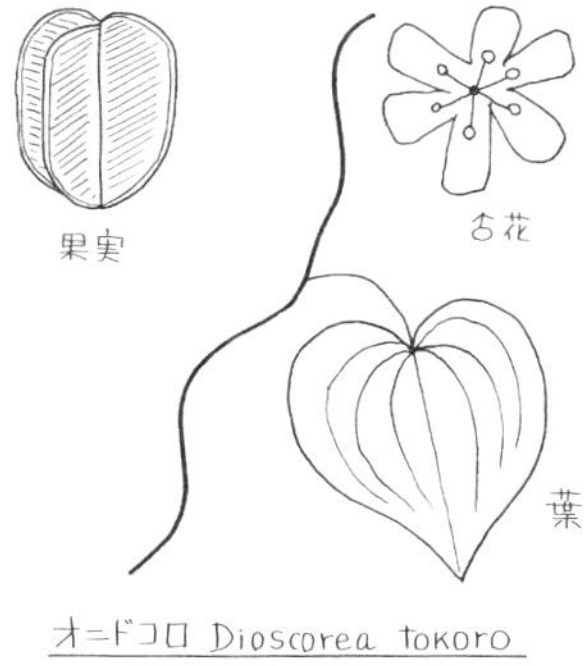

この場合、スズメガの成虫の蜜源植物であるクサギも、ヤブガラシやトコロと、行動をともにしているようにみえる。ヤブガラシもトコロも、明るい林縁の蔓植物であるが、クサギもまた、林縁や、草原のある林に好んで出現してくる。

クサギという樹は、アゲハチョウとスズメガに、つまり、大型の蝶と蛾に的をしぼって、花粉の運搬をしてもらうべく、花の構造をつくりあげてきたようにみえる。

そのために、アゲハチョウやスズメガの幼虫の食餌植物がたくさん生えているところを、クサギも、生活場所として選んだのであろう。

クサギは、中国大陸から台湾・南西諸島を経由して、九州・四国・本州から北海道にまで広がっている。この発展ぶりをみると、クサギの作戦は大成功したようにみえる。

パピリオのふるさとは熱帯

ナガサキアゲハの後翅には、尾状突起がない。

私は中学のとき、大阪から鹿児島県鹿屋へ転校した。住居のまわりにミカンの木がいっぱい植えてあって、その木のまわりをナガサキアゲハが舞っていた。尾のないアゲハチョウは、私にはとてもめずらしく感じられた。受験勉強にあきると、庭に出てナガサキアゲハを採集したものだ。

いま、蝶類図鑑からナガサキアゲハ（*P. memnon*）の分布をしらべてみると、日本では、本州西部・四国・九州から南西諸島にかけてみられ、国外では、台湾、中国南部、インドシナ半島、スマトラ、ジャワ、ボルネオに生息している、とある。ナガサキアゲハは、熱帯アジアをふるさととする蝶であることがわかる。

では、モンキアゲハはどうか。

モンキアゲハ（*P. helenus*）は、後翅の黄紋がよくめだつ。子供心をわくわくさせる色である。関東から西に多いが、最近は仙台周辺でもみかけるようになったという。

分布は、日本の関東以西から南西諸島におよび、国外では、台湾、中国中・南部、インド、インドシナ半島、スマトラ、ジャワ、ボルネオ、フィリピンなど、温帯から熱帯まで、かなり広範囲にわたる。

モンキアゲハのふるさとも、また、熱帯アジアにある。雲南の熱帯雨林では、いたるところで、飛翔しているのをみた。

カラスアゲハ（*P. bianor*）は、黒に金属光沢のある羽をもつ。われわれの身のまわりに、ごくふつうにいる蝶だから、これは温帯の蝶、と思っていたのだが、なんと、分布は、北海道から中国の雲南までの、温帯から亜熱帯まで広がっている。

シロオビアゲハ（*P. polytes*）は沖縄の石垣島でいっぱいみた。分布は、南西諸島を北限として、南は、モンキアゲハとほぼ似たような、広い地域におよんでいる。

日本の温帯でなじみのパピリオたちが、雲南の熱帯雨林で、クサギの花に舞っている。これは、なんだか変な光景にみえたが、こちらのほうが自然本来の姿なのである。

魅惑のルリモンアゲハ

雲南に行くまえ、子供むけの図鑑『世界のチョウ』を眺めていて、心ひかれる蝶が一種いた。ルリモンアゲハ（*P. paris*）である。その蝶が、今回、雲南の熱帯雨林で、しばしば目撃できて、私はおおいに満足した。帰りに、ルリモンアゲハの標本を土産に買ってきた。

このルリモンアゲハの標本を眺めていて、私は、ひとつの疑問を感じた。そこで、ルリモンアゲハにきいてみた。熱帯をふるさととするモンキアゲハが、日本の温帯にまで分布を広げているのに、お前は、どうして日本にやってこないんだ？

しかし、ルリモンアゲハがこたえてくれなかったので、自分で考えることにした。

図鑑『世界のチョウ』をしらべてみると、ルリモンアゲハは、台湾、中国南部、ヒマラヤ、インド、インドシナ半島、スマトラ、ジャワなど、熱帯アジアの山地帯に広く分布している。しかし、日本の南西諸島には生息しない。幼虫はミカン類を食べるとある。

おなじパピリオ属で、おなじミカン科の植物を食餌にしているのに、モンキアゲハは日本の本州まで分布しており、ルリモンアゲハは台湾までである。これは、どう解釈すればよいのだろうか。

パピリオの戦略①　―ミカン属からキハダ属へ―

パピリオの基本食餌は、ミカン科植物である。パピリオの多くの種が、いまでこそ、熱帯アジアに広く分布しているが、これは、ミカン類の植栽がパピリオの分布を広げているのかもしれない。もともとの分布は、野生のミカン科植物の分布に対応していたはずである。

パピリオの、もともとの野生の食餌植物は、ミカン属（*Citrus*）ではないかと思う。ところが、このシトルス属の野生種は、案外すくない。日本ではタチバナ（*C. tachibana*）の一種だけであり、中国もユズ（*C. junos*）の一種のみである。熱帯東南アジアでの状況はわからないが、どうも、野生のシトルスは多くないようにみえる。シトルスの本場はインドらしい。とすると、ミカン類を食餌にしているパピリオの多くも、もともと、インドあたりで誕生したものではないか、と思う。

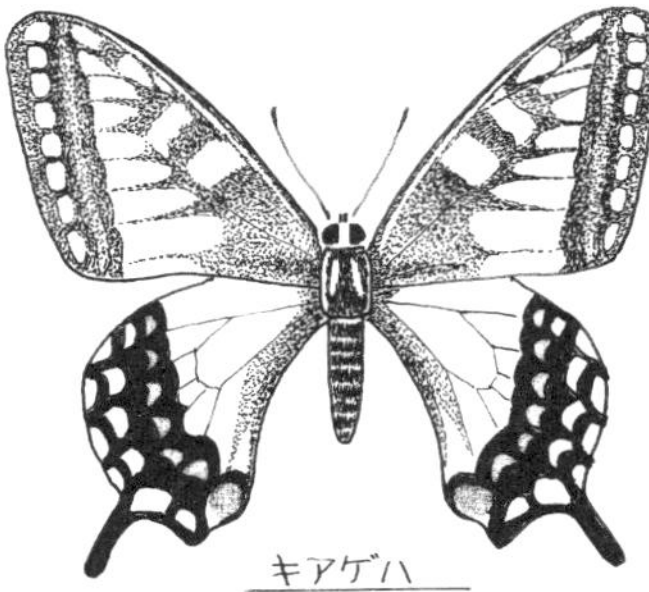
キアゲハ
Papilio machaon

これが、人間によるミカン類の育種と栽培によって、熱帯アジア一帯にミカンの栽培が増え、それがパピリオ属の大繁栄につながった、と私はみている。

日本のナガサキアゲハは、インドから出発して、東南熱帯アジアで生活していたものが、ミカン栽培の北上にともなって、沖縄から九州・四国あたりまで、分布を広げてきたもの、と思う。

シロオビアゲハの行動も、それに似たようなものだろう。

ルリモンアゲハも、拠点はインドにあり、現在は、熱帯アジアに広く分布しているが、北上スピードはにぶく、現在、やっと、中国南部から台湾あたりでとまっている。しかし、チャンスがあれば、沖縄にも入ってくるだろう。

ところが、モンキアゲハやカラスアゲハの分布戦略は、これらとは異なる。かれらは食餌を、ミカン科シトルス属からカラスザンショウ属やキハダ属など、温帯に広く存在する樹種に変更した。食餌を変更することによって、分布を北方に広げることができたのである。これは、人間のおかげではなく、自分で伐り開いてきた道なのである。

モンキアゲハの分布拡大は、パピリオ自身の戦略の勝利であり、ナガサキアゲハの分布拡大は、人間の勝手な行動がもたらした偶然の結果なのである。

パピリオの戦略② ―ミカン科からセリ科へ―

パピリオ属のほとんどの種は、いまでも、インドを中心とする熱帯アジアに分布しているが、一種だけ、ユーラシア大陸の温帯域で大発展している蝶がいる。キアゲハである。黒と黄の縞模様は、初夏になると、現われる。日本のどこにでもみられるパピリオである。

キアゲハ（*P. machaon*）の先祖は、インドからインドシナ半島あたりを分布圏とし、シトルス属を食餌として生きているオナシアゲハ（*P. demoleus*）、と思われる。キアゲハは、食餌をシトルスからセリ科に変更することによってキアゲハとなり、分布を、ユーラシア大陸全域から北アメリカのアラスカまで、広げることができた。食餌植物の変更が、種の大発展を導いた例である。

オナシアゲハ
Papilio demoleus

ミカン属からセリ科への食餌転換は、葉に含有される揮発成分への

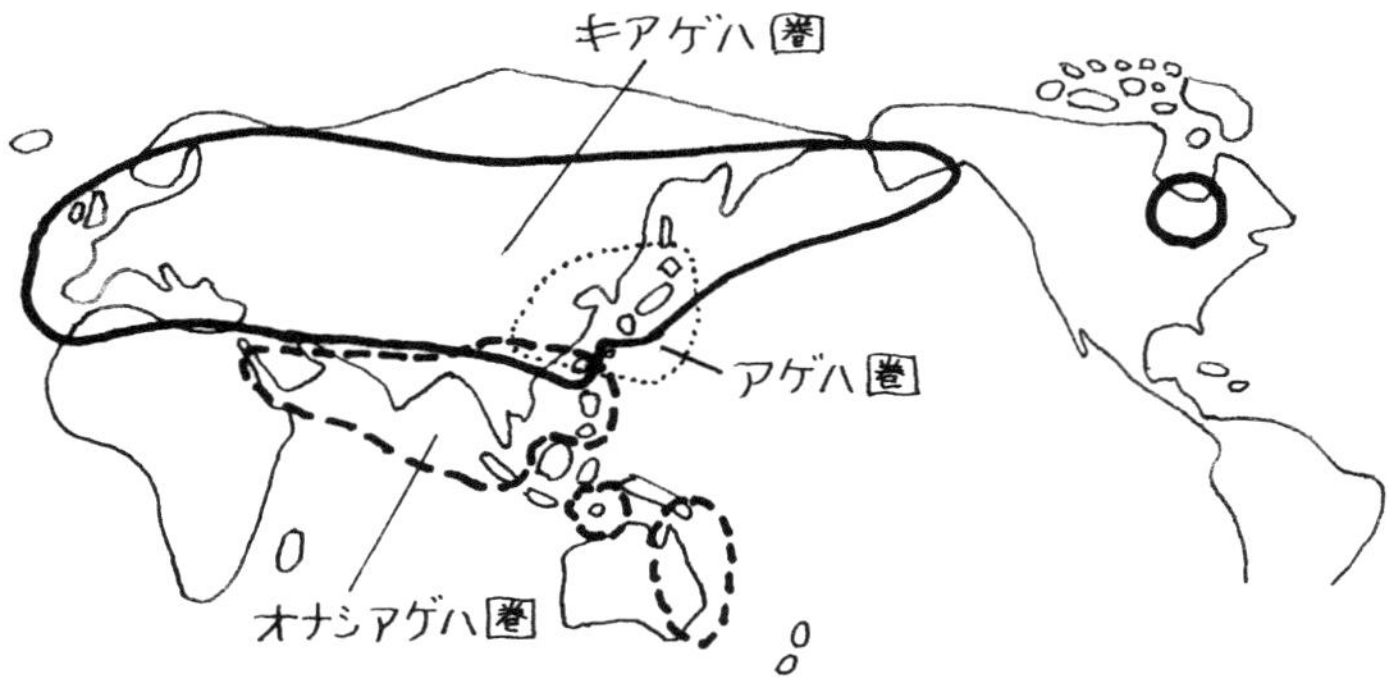

オナシアゲハ、キアゲハ、アゲハの分布圏

反応の転換による。じつは、シトルス属とセリ属は、葉の揮発成分に似たところがあり、シトルスの成分（シトラール）に反応していたキアゲハの幼虫が、セリの成分（エストラゴール、アネトール）に反応するようになったのである。

ただこれだけの、ちょっとした反応変更が、一族の大発展につながっていった。キアゲハの進化は、みごとといわざるをえない。

キアゲハに似てアゲハチョウ（*P. xuthus*）という蝶がいる。庭にサンショウの木があると、卵を産みにやってくる、ごくありふれた蝶である。この蝶の先祖もオナシアゲハと思われる。

アゲハチョウは、食餌植物をシトルス属からキハダ属、サンショウ属、カラスザンショウ属に変更することによって、オナシアゲハの分布圏からぬけ出し、生息地を日本の温帯域にかえてしまった。しかし、変更した食餌植物がミカン科内にとどまっていたから、生息地も日本列島より北へ広げることはできなかった。つまり、キアゲハほどには飛躍できなかった。

自己改革が深いほど、飛躍も大きくなる。キアゲハがそういっている。

絹のふるさと

クヌギのふるさとは雲南

ダーラにいたる道端で、一本の大きなクヌギの木をみた。淡灰黄色の花穂をいっぱい垂らしていた。亜熱帯というべき場所で、クヌギをみて、すこし違和感を感じた。しかし、帰国して、埴沙萠《はにしゃぼう》『ドングリ』を読んでいたら、つぎのようなことが書いてあた。

クヌギは、どんぐりが成熟するのに二年かかる。つまり、その間に冬を越す。だから、もともとは、寒いところは苦手な樹なのである。中国の雲南省のような、冬あたたかく、夏すずしい、一年中、春のようなところが、クヌギのふるさとかもしれない、と。

クヌギは、武蔵野の雑木林の、いたるところに自生しているので、日本在来の樹種のようにみえるが、本当の自然林には出現しない。クヌギという木は、かなりむかしに、中国から日本に入ってきたものらしい。しかし、クヌギを導入した理由がはっきりしない。日本では、炭の原木として使われてきたが、どうもそれだけでは導入の理由としてはよわい。

私は、『森の命の物語』という本のなかで、日本人はクヌギの葉でヤママユを飼育し、ヤママユの繭から絹糸をとりたかったのではないか、と推理した。しかしヤママユという蛾は日本にしかいない、日本特産種である。その蛾を、中国原産のクヌギで飼育する、という発想が、どこから来たのか、という疑問が残った。

サクサンから絹をとる

雲南で、でっかいクヌギの木をみて、またそのことが気になった。そこで、『中国高等植物図鑑』をひもといてみた。「クヌギの若葉で柞蚕（サクサン）を飼育し、絹糸をとる」という記載が目に飛び込んできた。中国でも、クヌギで蛾を飼っている！　サクサンって、どんな蛾？

そこで『原色昆虫大図鑑Ⅰ』をしらべてみると、ヤママユガ科にぞくし、学名を*Antheraea pernyi*といい、日本のヤママユ（*A. yamamai*）にごく近い種、とあった。

日本にはヤママユガ科の仲間が九種存在するが、ヤママユ以外は、すべて同じ種が中国大陸にも分布している。つまり、中国大陸から日本列島にかけて、広く生息する、広域分布種なのである。しかしヤママユだけが日本特産で、中国におなじ種がいない。これには、なにか、納得できないものを感じていたのだが、いま、中国にヤママユにごく近い種（サクサン）の存在することを知った。つまり、ヤママユとサクサンはおなじ種みたいなもの、と考えれば、やはり、広域分布種となり、納得できる。

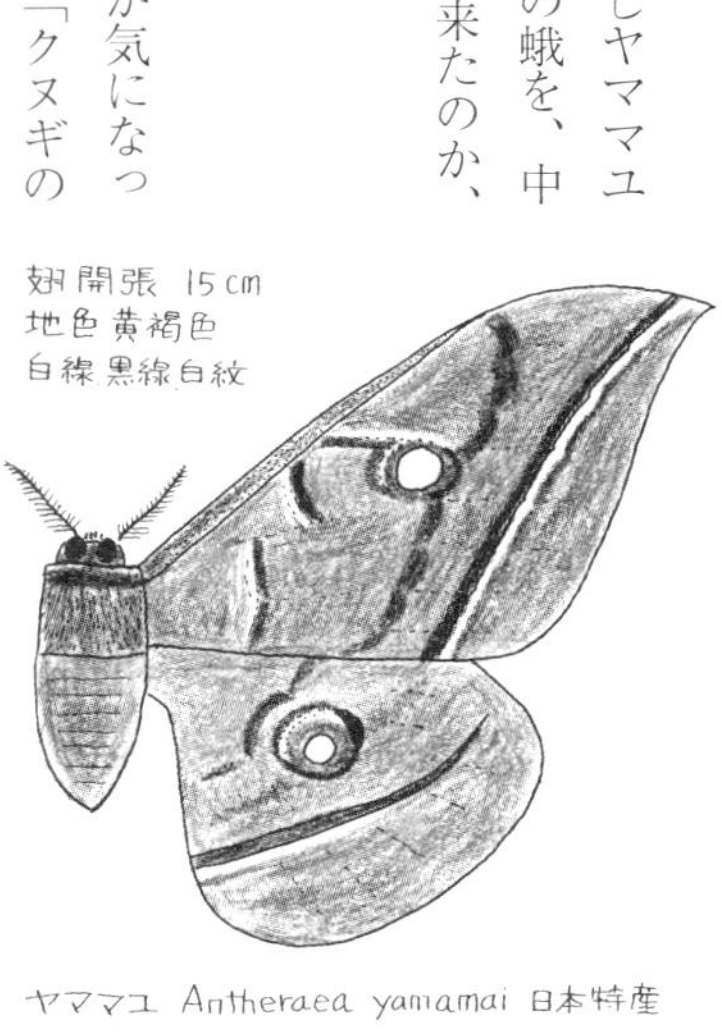

ヤママユ Antheraea yamamai 日本特産

中国にはむかしから、クヌギの葉でサクサンを飼育し、繭糸をとる技術があった。そして、いつの時代かよくわからないが、クヌギの木は、サクサンとともに日本にやってきた、と考えたい。日本には、サクサンにそっくりのヤママユが存在する。だから、クヌギの葉でヤママユを飼育することは、ごく自然の成り行きだろう。日本で、クヌギの葉でヤママユを飼育する理由がわかったような気がした。

絹生産のふるさと

シンジュサンの一種（雲南にて　撮影秋山列子）

古代のシルクロードの出発点は長安の都（現在の西安近く）で、絹の生産は、長安の周辺地域でおこなわれていたという。しかし、佐々木高明『照葉樹林文化の道』によると、絹の主たる生産地は、もっと南の、長江流域の照葉樹林帯にあり、さらに、絹生産の発祥は、中国南部の照葉樹林帯から、その南の亜熱帯モンスーン林地帯にかけてで、その地域では、野生カイコだけでなく、それによく似た繭をつくる野生の蛾類が多種類生息しており、その野生の繭から糸をとることを発見したのが、そもそもの絹生産のはじまりだろう、と述べている。

インドでは、いまでも、カイコ（クワの葉で飼育）をはじめ、さまざまな蛾類から絹糸をとるが、東北部のアッサムあたりでは、一般農家で、ヤママユガ科のインドサクサン（*Antheraea mylitta*）が大量に飼養されているという。餌はヒマ（*Ricinus*

communis、トウダイグサ科の一年草、北アフリカ原産）で、飼育の仕方は、円形の箕のなかに、餌葉をいれて飼うという。カイコの場合とおなじである。

　中国では、サクサンをクヌギの葉で飼い、インドではヒマの葉で飼う。野生繭をとる技術は、中国で生まれたのか、それとも、インドで生まれたのだろうか。佐々木は、絹生産のふるさとは、ブータンやアッサムの、照葉樹林帯が有力だとしているが、しかし、サクサンをヒマの葉で飼うのは、自然らしくない。なぜなら、ヒマは、北アフリカ原産の一年生草本だから。

　一方、サクサンをクヌギの葉で飼うのは、ごく自然的だ。なぜなら、クヌギは中国南部をふるさととする樹であり、サクサンの（ヤママユもおなじ）幼虫は、ナラ属（***Quercus***）を主たる食餌としており、なかでも、クヌギをもっとも好んで食べる習性があるからだ。絹生産発祥の地は雲南、と私は考えている。

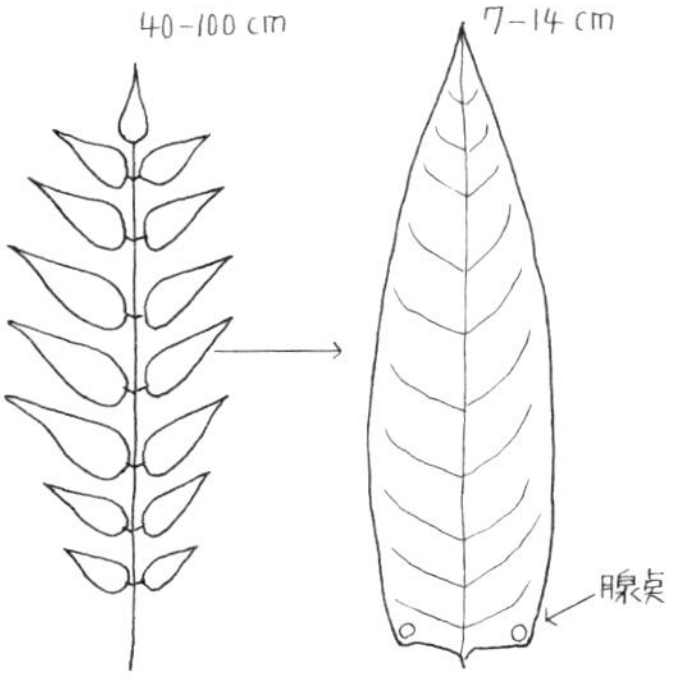

シンジュ（＝ニワウルシ）　神樹
Ailanthus altissima　ニガキ科

クヌギの来た道

　はじめにもどって、クヌギの来た道を考えてみる。クヌギは、サクサンといっしょに雲南を出発し、中国を東北にむかって進み、日本列島に入る。この場合、台湾から南西諸島を経由して、九州に入ったのだろうか、それとも、朝鮮半島を経由してきたのだろうか。

距離的には、南西諸島のほうが近いのだが、どうも、南西諸島はとおっていないように思う。なぜなら沖縄には、サクサンはもちろん、ヤママユもいないから、クヌギだけもってきても、絹生産はできないからだ。それに、沖縄は亜熱帯だから、芭蕉布で用がたち、面倒な蛾の飼育をしなくてもすむ。

もし、クヌギが沖縄を経由したとすれば、南西諸島のどこかに、クヌギの樹が存在してもいいはずであるが、実際には、存在しない。

古代中国では、絹は長安に集められたという。サクサンの絹も、やはり長安へむかったのだろう。そこから、山東半島を経由して朝鮮半島に入り、つづいて日本に入ったのだろう。もちろん、サクサンという蛾といっしょに。

クヌギは、中国から来て、一三〇〇年以上にもなる。万葉集に登場するから、奈良時代には、もう来ていたはずである。クヌギは、雑木林の木々とも、仲良く、調和しながら生きていく術を獲得しているようにみえる。

もう、りっぱな日本の樹である。

あとがき

ペン画について：本文のなかには、多くの動植物の名が出てくる。しかし、一般の読者には、名前だけ書かれても、イメージが湧かないものが多いと思う。そこで、できるだけ、ペン画を添えることにした。昆虫や鳥の画は、さまざまな昆虫の図鑑や鳥の図鑑類を参考させてもらった。それらは、巻末の参考文献にあげさせてもらった。原図は原色の写真だが、私の画は、白黒の絵として表現するべく、描き方に工夫した。たとえば、鳥や虫の脚や爪などを忠実に描くと、少しおっかない感じになる。それは、餌を捕まえる道具だからだ。私は、鳥や虫には、かわいい印象をもってもらいたい、という気持ちがあって、脚や爪は簡略化してあるし、体や羽の模様なども、かわいくみえるよう工夫している。樹木の葉の画は、主として、吉山寛・石川美枝子『落葉図鑑』を参考させてもらった。本来なら、お礼の意味をこめて、『落葉図鑑』より、と書くべきだが、図鑑のほうは、見事な精密画であり、私のほうは、おおざっぱなイメージ画である。だから、図鑑名をだしては、かえって失礼になる。

オーストラリアのユーカリについて：本書の原稿を出版社に送って、のんびりした気分で、十日間ほど、ニュージーランドの森と樹を訪ねる旅をしてきた。時期は二月中旬、むこうは夏である。そしてこの島の森が、カウリ（ナンヨウスギ科）やリム（マキ科）など中生代白亜紀に栄えた針葉樹と、おなじく、たいへん原始的な広葉樹・ミナミブナ類で構成されていることを知った。ゴンドワナ大陸の存在を、実感として、肌で感じとることができた。

　そんな古い樹木群のなかに、また、フトモモ科の樹木が多種類、混在していた。フトモモ科の樹木は、派手な花を咲かせ、昆虫を呼ぶ。実は甘い果実（タネは鳥に運ばれる）か、細かいタネ（風で飛ばされるか、鳥に運ばれる）をつける。これは、あきらかに、進化の進んだ植物群である。ニュージーランドの森は、古い植物と、進化の進んだ植物の混在する、奇妙な様相をみせていた。フトモモ科の植物は、新生代の、比較的新しい時代に、進化した野鳥群とともに、熱帯東南アジアから、オーストラリアやニュージーランドに渡ってきたのではないか、と思う。

　私は、本書のなかで、オーストラリアのユーカリ（フトモモ科の一属）は、インドネシアの東部あたりから、大陸移動してきて、オーストラリアに上陸したのではないか、と述べたが、大陸移動を考えなくても、フトモモ科植物は、野鳥の飛翔力や風の力をかりて、海を渡ってくることができるらしい。オーストラリアやニュージーランドの森については、もうすこし、考察を深化させる必要がある、と感じている。


　中国雲南の旅も、ニュージーランドの旅も、ＮＨＫ文化センター仙台支社の草正悦次長の企画による。一般観光では行くことのない雲南省雲杉坪も、また、ニュージーランド北島のコロマンデル半島のカウイの森も、草さんのアイディアである。おかげで、新しい知識をいっぱい得て、この本ができた。また、森と樹を訪ねるツアーに参加し、もたもたしている私を支えてくださった方々のおかげも多い。ここに、感謝の気持ちを表したい。

　いままで書いた自分の本を読み返してみると、私の思考過程は、典型的な試行錯誤（Trial and error）であることがわかる。間違いをくり返しながら、真実に近づいていく、という方法である。誤りは真実へ近づくための一歩、と考えれば、誤りを犯すことに、そんなに神経をとがらすこともなくなる。しかし、それも、誤りを修正する場を提供してくださる出版社があっての話だろう。今回も、八坂書房は、そんなチャンスを与えてくださった。深く感謝したい。編集の中居恵子さんは、いつものように、原稿上のミスをチェックしていただき、楽しい本に仕上げてくださった。多謝。

二〇〇一年三月

参考文献

青山潤三　『中国のチョウ』東海大学出版会　一九九八
一戸良行　『毒草の雑学』研成社　一九八〇
伊藤秀三　『新版ガラパゴス諸島』中公新書　一九八三
井上　寛他『原色昆虫大図鑑Ⅰ（蝶蛾編）』北隆館　一九六三
井上　寛他『日本産蛾類大図鑑Ⅰ・Ⅱ』講談社　一九八二
今森光彦他『世界のチョウ』小学館　一九八四
宇都宮貞子『草木おぼえ書』読売新聞　一九七二
　同　　『夏の草木』新潮文庫　一九八四
小出雄一　『世界のパルナシュウス』ニューサイエンス社　一九七五
岡島秀治（監修）『甲虫』ＰＨＰ研究所　一九九四
学習研究社『世界のチョウ』一九七四
　同　　『オルビス学習科学図鑑　昆虫１・２』一九八〇
　同　　『世界の甲虫』一九八〇
近畿日本ツーリスト『中国（総合版）』一九九九
倉田　悟　『原色日本の林相』地球出版　一九六六
黒沢良彦・渡辺泰明『甲虫』山と渓谷社　一九九六
佐々木高明『照葉樹林文化の道』ＮＨＫブックス　一九八二
鈴木時夫　『東亜の森林植生』古今書院　一九五二

ダイヤモンド社「地球の歩き方」編『雲南・四川・貴州』一九九八
高野伸二『フィールドガイド日本の野鳥』日本野鳥の会　一九八二
千葉徳爾『はげ山の文化』学生社　一九七三
冨山稔・森和男『世界の山草・野草』NHK出版　一九九六
中山周平『野山の昆虫』小学館　一九七八
西口親雄『森林への招待』八坂書房　一九八二
同　『アマチュア森林学のすすめ』八坂書房　一九九三
同　『木と森の山旅』八坂書房　一九九四
同　『森林保護から生態系保護へ』新思索社　一九九五（初版一九八九）
同　『ブナの森を楽しむ』岩波新書　一九九六
同　『森の命の物語』新思索社　一九九九
西口親雄・今野政男『鳴子樹木誌』森林文化研究（3）　一九八二
日本林業技術協会『熱帯林の100不思議』一九九三
埴　沙萠『ドングリ』あかね書房　一九八七
平野千里『昆虫と寄主植物』共立出版　一九七一
福田晴夫他『原色日本蝶類生態図鑑Ⅰ・Ⅱ・Ⅲ・Ⅳ』保育社　一九八四
平凡社『寺崎日本植物図譜』一九七七
平凡社『動物大百科4大型草食獣』　一九八六
北隆館『日本古生物図鑑（学生版）』一九八二
同　『原色樹木大図鑑』　一九八五
同　『牧野新日本植物図鑑（新訂）』　二〇〇〇
牧野晩成『山の植物』小学館　一九七七

湊 正雄『目でみる日本列島のおいたち・古地理図鑑』築地書館 一九七八
宮田 杉『蛾類生態便覧』昭和堂印刷 一九八三
村山修一『中国の蝶』ニューサイエンス社 一九七九
山溪ハンディ図鑑『樹に咲く花 離弁花１・２』山と溪谷社 二〇〇〇
吉野正美『万葉集の植物』偕成社 一九八八

中国科学院植物研究所（編）『中国高等植物図鑑（全七冊）』 一九九四
中国科学院昆明植物研究所（編）『西双版納高等植物名鑑』 一九九六
武全安（編）『中国雲南野生花卉』 中国林業出版 一九九九
王 直誠『中国東北蝶類誌』 吉林科学技術出版 一九九九

D・アッテンボロー『植物の私生活』（門田裕一・監訳）山と溪谷社 一九九八
P・オディ『メディカル ハーブ』（近藤修訳）日本ヴォーグ社 一九九五
A・ハラム『移動する大陸』（浅田敏訳）講談社現代新書 一九七四
H・ヘルマン『蝶』（岡田朝雄訳）朝日出版 一九八四

Cranbrook, E. & Edwards, D.：A tropical rainforest. Sun Tree Publishing, 1994
Crowe, A.：Which native trees？(A simple guide to the identification of New Zealand native trees). Viking, 1992
Harde, K. W.：A field guide in colour to beetles. Octopus Books, 1984
Inderjit, et al. (ed.)：Principles and practices in plant ecology -Allelochemical interactions. CRC Press, 1999
Johnson, H.：The international book of trees. Mitchell Beazley, 1993
Lawrence, E(ed.)：The illustrated book of trees and shrubs. Gallery books, 1985

MacKinnon, J. : Wild China. New Holland, 1996

Mitchell, A. : The complete guide to trees of Britain and Northern Europe. Dragon's World,1985

Mitchell, A. : Trees of North America. Dragon's World, 1990

Novak, I. : Butterflies and moths. Hamlyn, 1985

Polunin, I. : Plants and flowers of Singapore. Times Editions, 1987

Ramon, F & Camarasa, J. M. : Encyclopedia of the biosphere 5. Mediterranean woodland. Gale Group, 2000

Salmon, J. T. : New Zealand native trees. Reed Books, 1996

Sauer, L. J. : The once and future forest. Island Press, 1998

Smart, P. : The encyclopedia of the butterfly world. Tiger Books Intern., 1991

Tinslet, B. : Singapore green. Times Books International, 1983

Whitten, T. et al. : The ecology of Java and Bali. Periplus Editions, 1996

Winkler, H. et al. : Woodpeckers. Russel Friedman Books, 1995

著者略歴　西口親雄（にしぐち・ちかお）
1927年、大阪生まれ
1954年、東京大学農学部林学科卒業
東京大学農学部付属演習林助手
1963年、東京大学農学部林学科森林動物学教室所属
1977年、東北大学農学部付属演習林助教授
1991年、定年退職
現　在、ＮＨＫ文化センター仙台教室・泉教室講師
講座名：「森林への招待」森歩き実践
「アマチュア森林学のすすめ」室内講義

おもな著書：
『森林への招待』（八坂書房、1982年）
『森林保護から生態系保護へ』（新思索社、1989年）
『アマチュア森林学のすすめ』（八坂書房、1993年）
『木と森の山旅』（八坂書房、1994年）
『森林インストラクター入門　森の動物・昆虫学のすすめ』（八坂書房、1995年）
『ブナの森を楽しむ』（岩波新書、1996年）
『森のシナリオ』（八坂書房、1996年）
『森からの絵手紙』（八坂書房、1998年）
『森の命の物語』（新思索社、1999年）
訳書：『セコイアの森』（八坂書房、1997年）

森と樹と蝶と　日本特産種物語

2001年4月10日　初版第1刷発行

著　者　西口親雄
発行者　八坂安守
印刷・製本　壮光舎印刷（株）

発行所　（株）八坂書房

〒101-0064 東京都千代田区猿楽町1-5-3
TEL 03-3293-7975　FAX 03-3293-7977
郵便振替　00150-8-33915

ISBN 4-89694-473-9

関連書籍のごあんない

表示価格は税別価格です

アマチュア森林学のすすめ
—ブナの森への招待　西口親雄著

四六　一九四二円

森林には「環境保護」と「木材生産」という二つの役割があるが、本書は話題のブナ林に焦点をあて、アマチュアの視点をくずさずに環境保護と森をいろいろな興味から論じたもの。

森林への招待
西口親雄著

四六　一七四八円

森林問題の二つの側面—環境問題と木材生産問題を解決するためには、バランスのとれた森林観をもつことが重要。森林問題を両側面から詳述した名著。

森からの絵手紙
西口親雄・伊藤正子著　A5変形　二〇〇〇円

四季折々に描き綴った美しい絵手紙に、やさしいエッセイを添えて贈る森からのメッセージ。感じたままを筆に託した絵手紙が、草花や木々との出会いの楽しさ、喜びを伝え、ブナの森・雑木林の温かさを教えてくれる。

森のシナリオ
—写真物語　森の生態系

西口親雄著　A5　二四〇〇円

森と森をすみかとする動物・昆虫と向き合うこと40余年。森を知り尽くした著者が撮り、描いた約300点のカラー写真や絵に軽妙な解説を添えた楽しい森林入門書。

木と動物の森づくり
—樹木の種子散布作戦

斉藤新一郎著　A5　二〇〇〇円

樹木は動物を利用している。美味しい木の実を運賃に、動物にタネを運んでもらう。長年の、苗木づくり・森づくりの実践から、樹木の戦略を見事に解き明かし、新たな視点で散布論を展開する。

日本森林紀行
大場秀章著　四六　一八〇〇円

日本中の名森林を訪れ、各地の自然のありかたやその歴史、あるいは土地の人々との結びつきなどを考察した紀行文。日本各地の自然を巡り、自然と人間との共生を考え、現代日本の森林の保全に新たな問いかけを提示する。